福島原発の真実
このままでは永遠に収束しない。

まだ遅くない
――原子炉を「冷温密封」する！

（衆議院議員）村上誠一郎
＋原発対策国民会議

東信堂

■はじめに

政府の原発事故調査・検証委員会の最終報告書がまとめられた（一二年七月）。これにより、国会や民間など主な四つの事故調の報告が出揃ったことになる。しかし、どれも未解決の部分が多く残されている。

これら四つの調査報告に対し、私の見解を本書・目次のあとのページで述べさせていただいた。これらの報告書には、私たちが当初から問題点を指摘し、国会などで追求してきた事柄の一部と重なる部分も見受けられる。すなわち、原発事故は人災であり、東電や国の規制当局（経済産業省原子力安全・保安院など）が安全策を先送りした結果であること。また、菅首相をはじめとする官邸の間違った政治主導（事故翌日早朝の首相の現地視察、東電への拙速で強引な介入など）による混乱と相互不信の醸成。危機管理態勢、危機管理意識の低さとあやふやな情報発信、根拠に乏しい避難指示と説明不足。そして、国会事故調では、津波ではなく、津波が襲う前の地震の揺れそのものでの安全機能が損傷した可能性なども指摘されている。今後、国会などでの徹底した審議が必要になるのは言うまでもない。

一方、これより前に発表された東京電力の最終報告書（一二年六月）は、ひどいものだった。責任回避と責任転嫁、自己弁護に満ち溢れたもので、自分たちにはまったく落ち度がないという被告人陳述となんら変わりはない。後の裁判、国などからの援助を考えてのことだろうが、裏を返せば東電の企業体質そのものの表明であると言っていい。事故発生当時から、当事者意識に欠けたその場しのぎともいえる事故対応が、悲しいほどに納得できる内容である。八月に事故直後の東電社内でのテレビ会議の模様が一部編集して公開された。会話はズタズタに切られ、ピー音によって何度も消され、ぼかしだらけの映像である。これは、情報公開ではない。都合のいいものだけを発信する広報宣伝活動の域を出ないと受取られても仕方がない。いずれにしても、情報の隠蔽体質は相変わらずだ。必要なのは情報の開示だ。

それがなければ、福島第一の解決は遅れに遅れる。それでもいいと思っている組織に、国民は賛意など示さない。「国民の安全と健康」など置き去りにされたままだ。「国民の命を守る覚悟」など、どこにも見当たらないのである。

まず、世界にきちんと情報が開示できなければ、このアクシデントは正確に検証されることが難しくなり、世界の叡智の判断を仰ぐことができない。後世にも正しい情報をバトンタッチできない。そしてまた、世界は、日本を信用しなくなるのだ。

■４つの調査報告書に関する私（村上）の見解

「非常用冷却装置の操作」について
・政府事故調（畑村レポート）
東電ばかりではなく、電力業界そのものが原子力発電に対する理解が不十分であるのは常識である。原子力事業をスタートした当初から全電源喪失の訓練などしていないことをもっと認識すべきである。
・国会事故調（黒川レポート）
事故当日の当直長を含め、当然責任がある。「非を問うことはできない」というのは間違い。もちろん一番責任があるのは電力会社とその経営体質である。なお、福島第一は東電の子会社である東電工業が主に運転を任されている。さらにその下に多数の孫請けが入っている。
・民間事故調（北澤レポート）
抽象的であいまいな表現が多く、４つのレポートのなかで一番レベルが低い。
・東電事故調（山崎レポート）
言い逃れに終始している。反省の態度が微塵もない。原発を運用している重大な責任に対する自覚がまったく感じられない。

「地震による主要機器への影響」について
・政府事故調（畑村レポート）
「（機能が損なわれるような）損傷は生じていない」と断定しているが、５号機、６号機を詳細に検証すれば、必ず地震による損傷があるはず。このような重要な検証を行なっていないため、到底信用ができない。
・国会事故調（黒川レポート）
政府事故調に比べればやや踏み込んだ説明になっており一応の評価ができる。だが、実際に５号機、６号機について重要な検証を行なっていない。とても残念である。
・民間事故調（北澤レポート）
本当にパラメーターの解析ができる専門家が行なったのかはなはだ疑問である。
・東電事故調（山崎レポート）
結論ありきのレポートで到底信用できない。例えば１号機で、地震直後に現場作業員が外れた配管から異常な水蒸気の漏れなどの報告がありながら、これについて一切触れられていないのも不可解である。

「東電撤退問題」について

この問題については唯一、東電事故調がいちばん真実に近いと思われる。伝言ゲームのような状態のなか、当時の菅総理と枝野官房長官が冷静な判断や行動を取っていたとは思えない。民間事故調は、東電から取材拒否されていたため、東電の主張に対しコメントできる立場にはないと言える。

「主な事故の責任の所在」について

・政府事故調（畑村レポート）

「東電の大津波に対する緊迫感と想像力の欠如」との指摘はもっともなことである。その根底には経費削減の要請があることは事実で、この点をもっと深く掘り下げて欲しかった。

・国会事故調（黒川レポート）

「明らかに人災」としたのは、一定の評価に値する。ただし、官邸、原子力保安院、東電が悪いというだけに終始している。今後、長きに渡って続く保障を含めた責任、同時に刑事罰については明確にしていない。また、現在も進行している高濃度の放射性物質による汚染水の処理の問題や廃炉に向けてのロードマップの不備についての解析は不十分である。

・民間事故調（北澤レポート）

このレポートのなかで唯一評価できる部分である。活断層の再検証を含め、早急に取り組むべき課題を提示している。因みに活断層の緊急ボーリング調査は４日もあれば１か所でできるはずである。

・東電事故調（山崎レポート）

あまりの無責任さで評価する価値を見いだせない。ある情報によれば、福島第一には、実はデジタル化された原発の図面が存在していなかったという。事故の際、青焼き図面を引っ張り出して右往左往していたともいわれている。事故後慌てて専門業者に密かに委託し、３次元のデジタルデータを作成したという。このような事実があるのだろうか。東電にぜひ聞いてみたい。なお平成 19 年７月の中越沖地震時の柏崎刈羽原子力発電所では、２次元のデジタル図面があり、担当者がパソコンで情報を共有できたため、復旧が予定より早かったという事実がある。

私たちは、事故が起きた早い時期からメルトダウンが起きていること、菅直人率いる民主党政府の初期も含めた事故対応は大きな誤りであることなどを主張してきた。だが政府は二〜三か月もメルトダウンしていないといい、原子炉を水で満たす「水棺化」（冠水化）もできると空虚な言葉を連ねてきた。だが、案の定、断念したのである（一一年五月一四日）。私たちはまた、原子炉の内部は塩の結晶でドロドロになり、循環冷却システム、サーキュレーションはまともに動かないとも主張してきた。それに伴い、アレバ社（仏）とキュリオン社（米）にカネをふんだくられるだけふんだくられることになるだろうとも予測していた。結局、そのとおりになり、しかも、両社のシステムは途中で機能しなくなり、東芝が作ったサリーだけが稼動している始末である。全長四キロメートルに渡るラインも、つなぎ目の不具合、ホースそのものの穴アキなど、トラブル続きである。そこを流れているのは高濃度の汚染水なのである。安易に作業員は近づけない。

民主党政府は、原子炉内の溶けた核燃料（酸化ウラン）が落ちている場所も特定できず、福島第一原発を「冷温停止状態」と判断し（一一年一二月一六日）、あたかも事故が収束したかのような発表を行なった。とんでもない話である。2号機では炉内の温度が一〇〇℃近くまで上昇することもしばしば。1号機から3号機は依然として六〇〇〇万ベクレルの放射能を放出している。汚染水の増加もはなはだしい。

ドイツの有力紙シュピーゲルは、「まやかしである」と断定。ニューヨークタイムズは「国民の怒りを抑えるための（間違った）勝利宣言である」と呆れている。海外メディアの見方がまっとうであることは、冷静に物事を見続けている方なら誰もが分かることだろう。

私たちが立ち上げた原発対策国民会議や勉強会などでの共通した認識の一つは、このままでは、永遠に収束ができない、着地点を見据えつつ、世界の知恵を集めなければならないということである。だが民主党政府は、最後までしなかったのである。

あれから二年近くの時間が経過した。だが、何が解決したのだろうか。おそらく、何も……。

「NO（ノー）」と言わざるを得ない。

こんなことは、素人でも分かるのだ。

いまなお現場では、命を張って懸命に努力を重ねる作業員、継続的に現地に入るボランティアの姿がある。頭が下がる。被災地の人々は、家族や友人・恋人、あるいは家や財産を失い、絶望し、深く傷ついている。避難を余儀なくされた八万人以上の方々、仮住まいを強いられる二六万人もの人たちのふるさとは、いまだに失われたままだ。過酷で不安定な生活は、いまなお改善されていない。自由など、どこにもない。

後手後手に回った民主党政府、東京電力、経済産業省原子力安全・保安院のあやふやな対応。現実は先へ先へと、しかも最悪の状況に向かって進んでしまった。稚拙な対応は政治的紛糾を招き、復旧、復興をさらに遅らせる悪循環に陥ってしまったのである。何ということなのだろう。

信じたいものが次々と裏切られ、信ずべきものが萎縮する。情報は開示されず、さらなる不信が芽生える。それでもなお、ぎりぎりのところで耐え忍ぶ被災地の人々。暴動も、目立った略奪も発生せず、厳しい状況下に置かれながら、世界から賞賛された日本人の冷静さと、整然とした秩序の維持。だが、それを支えている精神と肉体は、もう限界の域をとうに超えているのだ。

3・11東日本大震災。あれからもう二年近くになろうとしている。前代未聞の大地震と大津波。加えて、原発事故が重なる世界でも例のない複合的な大災害。六基並んだ四基の原発が甚大なダメージを受け、暴走を余儀なくされている。あるものは、行き場のない巨大なエネルギーを持て余し、原子炉建屋の屋根はもちろん約二メートルの厚さを持つコンクリートの壁をも吹き飛ばす水素爆発を起こした。同時に、けたはずれの崩壊熱を伴い、メルトダウンし、どこまでも落下しようとしている溶けた核燃料物質。そして、まだ建屋で残っている使用済み核燃料は、未知の危機を含みながら、いまなおくすぶり続けているのだ。

一基の事故でさえ深刻なのに、それが四倍に膨らんでいるのだ。いや、単なる倍数ではない。

指数関数的に危機は増幅し、同時多発的に困難が襲ってくる。コントロールを失った核燃料の無軌道な振る舞い、使用済み燃料棒の再臨界の危惧、多量な放射能の飛散と海洋汚染……。チェルノブイリ事故（一九八六年）もスリーマイル島事故（一九七九年）も原子炉一つの原発事故である。今回のケースは、地震と津波によるものとはいえ、**世界初の、世界最大の原発の大事故**であるといっていい。世界はそう見ているのだ。

一方、国家財政の危機的状況はより逼迫している。「失われた20年」から脱出の糸口をつかめない経済、社会保障、国防・防衛、教育、どれも待ったなしの喫緊の課題ばかりである。加えて、今回の大災害が覆いかぶさる。被害総額は一五兆円とも二五兆円とも言われている。従来の危機の上にさらなる国家的アクシデント。世界もこの事故の収束を注視しているのだ。21世紀最大の、日本の試練なのである。

事故から一週間後、私はある原子力の専門家の話を二年近く経った今も、鮮明に思い出す。そこでは驚くべき内容が語られていたのである。詳しくは本書に譲るが、私は即座に何かをしなければならないと思った。できることは何か？

私は、一一〇回を超える私的な勉強会をここ二〇年ほど続けている。現在は「21世紀戦略研究会」と名づけ、優秀なスタッフと共に勉強を重ねている。事故後ただちに緊急開催し、専門家を交えながら、もっとも有効な収束の方法の模索、危機管理のあり方などの議論を重ねた。同時に、マスコミにもできる限り情報の提供を行なった。そして、大手の新聞社、出版社、地方のマスコミなどが敏感に反応してくれたのである。

まだまだ不十分である。さらに、超党派の有志のご賛同をいただき「原発対策国民会議」（原子力発電事故対策国民会議の略）を立ち上げた。第一回目（二〇一一年四月二〇日）は、大きな反響を呼んだ。第二回（五月一八日）、第三回（六月五日）、第四回（七月六日）と、回を追うごとに賛同の輪は広がり、集まるマスコミも驚くほどに増えた。そして現在、原発事故収束法案としての議員立法に向け、努力を重ねているところだ。原発対策会議初回と並行して、衆議院決算行政監視委員会（四月二七日）でも質問をさせていただいた。

この模様は、「衆議院ＴＶ」（http://www.shugiintv.go.jp/jp/index.php?ex=VL）でインターネット中継された。いまでも見られるはずだ。「ユーチューブ」では、異例の三〇万件を越えるヒット数を記録。この種のネット放映では、驚異的なアクセスだという。

また、衆議院予算委員会（一一月八日）でも、原発問題について総理大臣、原発事故担当大臣、原子力安全委員長、経済産業大臣、厚生労働大臣、農林水産大臣、東京電力常務取締役などに質問した（本書、第七章参照）。この模様はＮＨＫが放映し、高い視聴率を得たと聞いている。「衆議院TV」で観ることができる。機会があればぜひアクセスしていただきたい。いずれにしても、国民のみなさんの関心の高さに、私自身も当然だと思った。ただしそこでの質疑は、本書第一章～四章の上記「原発対策国民会議」の内容と重複するものが多いので、詳細はホームページでご覧いただくとして、以下の要点の列記にとどめたい。それだけでも民主党政府、東電、保安院等、担当者の責任は明白だろう。

●東日本大震災復興会議（議長：五百籏頭真）の最初の会議で、議題に原発問題を取り上げないよう要請があったのは本当か　●今回のような過酷事故に対処するためのマニュアルは用意されていたのか　●事故の初動で一〇時間近く何も手が打たれず、すべて後手に回ってしまったのは担当者の重大な責任と思うがどうか　●ベントの指示はいつ誰が出したのか　●三月一二日の菅首相の現地行きをなぜ誰も止めなかったのか　●規模が当初発表のレベル4を超えていることが最初から十分推察できたのに、なぜいち早く修正されなかったのか　●米軍、自衛隊の協力の申し出を断ってしまったという報道があるが、どう思うか　●汚染水の海洋への放出を誰が許可したのか、またその量と汚染のレベルはどうか。さらにその後の追跡調査が不十分と思うがどうか　●（当時東電が取り組んでいた）水棺化による処理は、汚染水をとめどなく増やすという大変なジレンマを抱えていると思うがどうか。また原子炉内の破損した燃料棒の取り出しは、すでに困難と思われるがどうか　●この原発事故処理・

収束について住民に納得してもらえる説明ができるのか　●今後のエネルギー政策、特に原子力をどう位置付けるつもりか

●「Fukushima Daiichi」を収束させなければ、東日本大震災は永遠に終わらない

民主党政府の示した工程表は、実現性のまるでない、絵に書いた餅以下である。ことの重大性をまるで認識しない、何らリアリティのないものだと断言する。このままでは、避難されている方々は見捨てられる。重要なことは、何も知らされていない。このようなことは絶対にさせてはならないのだ。

さて、事故の収束に向け、どのようにしたらいいのだろうか。

私は、「冷温密封（cold completely sealed）」を提案する。原発事故対応の三原則である「停める、冷やす、閉じ込める」。三つ目の、「閉じ込める」を最優先する。いつかはそれをしなければならないのだ。早いか、遅いかの違いである。遅ければ遅いほど被害は拡大する。詳しくは本文をお読みいただきたい。ご理解いただけると信じている。先に示した、私的勉強会、超党派の会議、マスコミなども、民主党政府の工程表の対案として私たちのプランを提示し、政府を追及すべきだという意見が多数を占めていたのである。

本書は、「冷温密封」に向けた、私自身のドキュメントである。同時に危機意識を持っておられるみなさまへの、実現可能な極めて現実的な提案である。

全体を八章構成とした。お急ぎの方は、【序章】を飛ばし、第一章　決算行政監視委員会からお読みいただいても差し支えない。原発事故に対する私の考え方を、すぐにご理解いただけるはずだ。

第二章は、第一回原発対策国民会議で講師をお願いした原子力の著名なコンサルタント佐藤暁先生と、地質学のフェローである柳井修一氏が講師である。原発の基礎知識と今回の特徴、問題点。アメリカと日本の原発への対応の違い。また、地質学的見地から、メルトダウンを含む事故の進行プロセスとその対応について、素人にも分かりやすく解説していただいている。

第三章は、第二回原発対策国民会議をベースにしている。原発の安全対策の泰斗である石川迪夫先生の、循環冷却への危惧と放射線の認識、そして避難されている方々の帰宅も含んだ、問題解決の本質的な提言をまとめてある。収束へ向けた示唆に富んだ、よきガイドになると確信している。

第四章は、「冷温密封（completely cold sealed）」の提案である。地質学、プルーム・テクトニクスに関するすぐれた科学者である東工大教授の丸山茂徳先生の理路整然とした解説である。

原発事故の現在の状況を科学的見地から冷静に理解することができ、「冷温密封」が合理的で理にかなった、極めて現実的な方策であることがご理解いただけると思う。

第五章は、第四回原発対策国民会議における原研ＯＢの提言である。松浦祥次郎氏の「事故収束に至る基本的技術課題」、田中俊一氏には、「環境へ撒き散らされた放射能対策」について貴重な話を伺っている。

第六章は第五回原発対策国民会議における児玉龍彦先生の内部被曝および「測定」「除染」についての報告である。

第七章は、衆議院予算委員会で、原発の責任問題で総理大臣ほかに質問、追求したドキュメントである。

第八章は、危機管理に対する試論である。同時に議員立法へ向けた活動の報告としたい。目次の後に、「福島第一原発事故ドキュメント」を附した。

３・11は、まだ終わっていない。いまなお危険な状態にあることに変わりはないのである。「Fukushima Daiichi」は、いまや原子力の世界では世界共通語として認識されている。そして、この事故の収束に向け、どのように対応するのか、いまなお世界が注視しているのである。日本が主導し、世界とともにパーフェクトな事故収束を達成しなければならない。日本と世界の叡智を結集し、少しでも早く顔が見える優秀で責任感のあるリーダーを立て、この国難に立ち向かわなければならない。そしてもう一方で、今回の事故の徹底検証と完全な収束へ向けたプロセスを正確に記録し、世界への教訓として、後世に役立ててもらわなければならないのである。これを成し遂げるためには、私はもちろんのこと、これをお読みになられているみなさんの前にも、長く厳しい道のりが待っている。私はたとえささやかなものであっても、みなさんの応援があれば、絶対にへこたれない。

なお、本文中のデータ、事故の経緯などについては、委員会、原発対策国民会議開催時のものであることをご了承願いたい。最後までお付き合いいただければ幸いである。

二〇一三年一月

村上誠一郎（衆議院議員）
＋原発対策国民会議

目次／

福島原発の真実 このままでは永遠に収束しない。

まだ遅くない――原子炉を「冷温密封」する！

●目次／福島原発の真実 このままでは永遠に収束しない。まだ遅くない――原子炉を「冷温密封」する！

はじめに i

序　章　このままではダメだ――危険な現状の認識と新しい方策の提案……3

■このままではだめだ 4
なぜ、安全保障会議が開かれなかったのか 5
ある一本の電話――「事態は思った以上に深刻だ」 8
「メルトダウン」のイメージに政府も東電もおびえていた 10
空焚きが五分も続けば溶融が始まる 11
バケツに穴があいている 13
すべてのエンジンが脱落したジェット飛行機をどこに不時着させるのか 15
汚染水、使用済み核燃料が事故をより複雑にしている 16
事故の大まかな経緯 18
このままでは日露戦争の二〇三高地になる 20
私からの提案――原子炉の「冷温密封」 21

第一章　後手後手に回った対応と汚染水のジレンマ……23
～衆議院決算行政監視委員会（四月二七日）
■政治不在こそが東日本大震災のすべてである　24
ベントの指示は誰がいつどこで出したのか　28
アメリカも激怒した危機管理の甘さ　32
しっかりとした追跡調査もしていない汚染水の海洋への放出　36
汚染水の浄化一トンにつき二億円。六万トンで十数兆円　41
はなはだしい政治不在――住民に納得できる説明ができるのか　44
「にべもなく、大迷惑であった」――カーター大統領の現地入り　49
時期をお考えになられた陛下の現地ご訪問　50
高濃度放射能汚染水一二万トン超　52
第二章　成功率は〇・一％以下。対策の切り替えが必要……53
～第一回原発対策国民会議（四月二〇日）
1　根拠の乏しい「工程表」。対策は見直さなければならない　54
科学的根拠のない「工程表」　55
アメリカを激怒させた情報秘匿体質　56

2 成功率は〇・一%もない！ 対策の切り替えが必要 58
原子炉は、普通のスイッチの「オン」「オフ」の感覚とは違う 58
露出した燃料棒は五分以内に水に沈める――炉心を救うサクセスパス 61
基本設計は変わっていない。七〇年代、八〇年代の知見はいまも有効 63
レベル4ではあり得ない――事故の翌日から分かっていた 65
放射能は同心円ではなく、風の方向、地形、気温の分布によって拡散する 66
防護服を着て作業をするようなレベルの場所で子供が手をつないで歩いている 68
並行して起こっていた使用済み燃料プールの損傷 69
海洋へ放出された汚染水は高濃度 71
溶けた燃料にアクセスすることはほとんど不可能 72
工程表の達成の確率は〇・一%以下 73
3 メルトダウンと地層との関係――地下水に潜り込む危険性 75
地層に潜り込んだ場合のシミュレーション 75
燃料が溶けた塊・プルームは、下へ下へと落ちていく 77
プルーム（溶けた燃料の塊）が〝おみやげ〟（放射線物質）を残していく 78
日本のすぐれたダム技術を応用する～地下に施すカーテンウオール 79
水棺モデルは、危険な選択――日本の風土に合った対応があっていい 80
日本の地質の三つの特徴と今回の地震と津波のメカニズム 81
4 質疑応答 82

5 **私自身のまとめ** 93
汚染水の処理に莫大な資金がかかる 94
意味のないことに命をかけさせられる作業員 95

第三章 循環冷却への危惧と放射線の認識……97
～第二回原発対策国民会議（二〇一一年五月一八日）

1 **私は原子力のA級戦犯。知っていることは何でもお話する** 99
作動していたＲＣＩＣ（原子炉隔離時冷却系）、ＩＣ（隔離時復水器） 100
八時間は持ちこたえるが援軍は来ない――原子炉の玉砕「メルトダウン」 102
海水注入は原子炉の死刑 103
溶けた燃料は、直径四メートル、高さ三メートルの塊 103
心配は高濃度の汚染水――「海のチェルノブイリ」を防がなければならない 104
判断が遅れに遅れるシステム 105
指揮を執るべき安全委員会のリーダーシップが見えない 107
総花的な「工程表」と無駄な作業 108
「非常時」としての認識が必要 109
政治が行うべきことは何か 109

2 **実現可能な今後の方策** 112

単位「レントゲン」で考えると恐ろしさが感覚的に実感できる　112
これからに向けた三つの案　114
どのような体制で臨むべきなのか　115
海外は何を望んでいるか　117
5号機、6号機が助かったのは空冷のディーゼルがあったから　118
安全設計審査指針の要求　119
「避難の解除」を検討してもいい　121
3　質疑応答　123
4　私自身のまとめ　128

第四章　「事故対応の早期収束のための具体案」……131

――政治の決断を！この悲劇を未来が見えるプラスの方向に変える戦略が必要

第三回原発対策国民会議（二〇一一年六月八日）

1　「事故対応の早期収束のための具体案」　132
2　メルトダウンをなぜ二か月も隠していたのか――組織の本能の問題　134
ブツ（溶融した核燃料）が現在どこにあるのかを、まず確認しなければならない　135
事故の様相は、もう原子学物理や物理工学の範囲を超えている　136
マスコミが伝えようとしなかった真実　138

政府は未来が見えない呑気な計画を進めている　141
コストがかかりすぎる政府案。費用の大小は〝除染〟が大きく関係している　143
3・11の地震、津波は想定内　145
放射性物質が地下に漏れているのは確実　146
より具体的な提案　147
物理探査で確かなことが判明する　149
やるべきことは、まずは現状の把握　150
おカネだけが飛んで行く政府のやり方。そして、汚染水は処理できない　151
この悲劇をプラスに変える戦略が必要　153
世界共通の課題になる高レベルの核廃棄物の処理問題　154
維新と戦後。それと同程度か、あるいはそれ以上の政治の大転換が必要　155
3　質疑応答　157
4　私自身のまとめ　163

第五章　事故収束の終着点と被災地の放射能汚染の現実

第五章　事故収束の終着点と被災地の放射能汚染の現実……165
～第四回原発対策国民会議（二〇一一年七月六日）
1　どこを見据えて進めるのか。国が早急にやるべきことは何か　166
2　「事故収束に至る基本的技術課題」――中長期的視点、最終段階のイメージが重要　167

電気事業者の手に負えるものではない　169
最終段階は、長期的な安定が実現した状態　170
ステップ1、2終了時に何を確認すべきか　171
これまで経験した事故のどれとも異なっている　172
世界各国からアイデアを集めたチェルノブイリの第二石棺計画　173
スリーマイル島。事故から三年後に誰も予想していなかった炉心溶融が判明　174
汚染水は、地下も含め三次元的に封じ込める　175
事故に由来する核燃料廃棄物の管理には世界的な基準がない　176
計画の立案だけでも一つのプロジェクトになる　177
収束作業と同時に綿密な調査を行う　178
長期にわたる戦略とフレキシビリティ　179
対応戦略の確かな選択と中心的組織の構築　179
世界が注目する日本の収束事業　180

3　「環境へ放出された放射能除去の必要性と課題」
——急がれる処理場と回復を遅らせる根拠の乏しい厳しい基準値　183
必要なのはセシウムの除染　184
厳しすぎる基準値では現実的な作業が難しくなる　186
住民は国の言うことをまったく信用していない　187
家の上のほうが線量が高い理由　188

半径五〇～一〇〇メートルを除染しないと、数値はなかなか下がらない　189
セシウムは一度ついてしまうとなかなか動かない　191
教室の子供たちは、近くて広いところの線量に強く影響される　192
軽々しく基準値を決めると大変なことが起きる　193
学校の汚染はグランドだけではない　194
何を基準にして数値を出しているのか　195
一キログラムあたり八〇〇〇ベクレルを誰がどのようにして測定するのか　196
管理型の処分場を実現しなければならない　197
厳しすぎる食物摂取基準値――足柄茶を一年間に一三五キログラムも〝食べる〟のか　198
省庁ごとにバラバラの基準値――生活者の立場に立っていない国の対応　199
国が取り組むべき緊急の四つの課題　201
4　質疑応答　202
5　私自身のまとめ　214
第六章　内部被曝および「測定」「除染」について……217
～第五回原発対策国民会議（二〇一二年一月二五日）
1　内部被曝のメカニズムと「測定」「除染」の必要性　218
2　何が優先されるべきなのか　220

まるで毒ガスのような「プルーム」が流れた　220
ＤＮＡのいちばん大きなダメージは、二本鎖切断　222
ＤＮＡにダメージを受けても二〇～三〇年経過しないと分からない　223
事故後二〇年を経過して因果関係を認めたＷＨＯ（世界保健機構）　226
内部被曝に特徴的にみられる遺伝子の修復エラー　228
内部被曝を防ぐために欠かせない「測定」と「除染」　229
ノイズのない検査所をどう作るか　231
コメの全袋検査体制を構築する　232
機械（システム）が三台揃えば一万トンのコメは一〇日間で検査できる　233
室内の机やイスを雑巾で一生懸命に拭いても意味がない　234
妊婦や子どものいるところをまずきれいにする　235
セシウムはケイ酸の多い場所に集まる　237
セシウムは浅地中処分がベスト　239
バイオマスを復興に組み合わせる　240
必要なのは前向きなエネルギー　242
常磐自動車道の開通が急務　243
道路はアクセスの要、経済の動脈　244
東北復興の原動力になるような新しい街を作る　245
3　質疑応答　247

4　私自身のまとめ　252
SPEEDI＝スピーディは動いていた　254

第七章　なぜ、収束に向かわないのか！ 冷温停止はまやかしである……257
～第一七九回国会　衆議院予算委員会（平成二三年一一月八日）

■われわれの予測がことごとく当たっていて、政府のそれはなぜはずれるのか　258
誰が中心となって行い、誰が責任者なのか。その顔がまるで見えない　261
津波後ではなく、地震直後にダメージがあったのではないか　263
繰り返した「ただちに健康への被害はない」の根拠　265
米ルース大使激怒の理由　267
幼児や子どもになぜ安定ヨウ素剤を飲ませなかったのか　272
安定ヨウ素剤の服用は厚生省の所轄ではない⁉　274
溶けた燃料＝酸化ウランの位置の把握がなぜできないのか　278
三月二〇日以降にセシウムの大気濃度が増えている　281
急がれる水素爆発に至るメカニズムの解明　283
日本に後始末はできない～世界にますます不信感を持たれる　285

第八章　原発事故と危機管理
~政治は誰がやっても同じだと言うのはウソである……289

1　原発事故と危機管理　290
最高責任者は、最高司令官に現場をすべて任せる　290
危機意識の薄い東電――「廃炉？　何をいまさら」　291
なぜ、安全保障会議が開かれなかったのか　293
「重大緊急事態」の認識がない　295
危機管理の常道――命令系統は一本化せよ　297
委任と集中により、責任体制を明確化すること　299
危機管理におけるスピード感のなさ――なぜ優秀な官僚をもっと使わないのか　303
大混乱を招く「オーダー・カウンターオーダー・ディスオーダー」（命令・取り消し・混乱）　306
現場のトップはどうあるべきか　307
比較的早かった自衛隊派遣　308
「兵站の逐次投入」ほど危ないものはない　309
胸にしみた陛下のお言葉　311
トップの思い上がりと勘違い――「速やかにやらなければ処分する」　314
2　日本とアメリカ、原子力対策の危機管理の違い　315
信じられない怠慢~災害対策本部の会議の議事録がない!?　318

東電に責任を丸投げするのは間違いだ　319

3　復旧・復興は必ずできる。まず原発事故を収束しなければならない　321

これからのエネルギー政策を真剣に考えなければならない　323

四〇年ごとに起こる日本の大きなターニングポイント　325

第二のポルトガルにならないために……　327

4　事故後二年を迎えようとしている現時点での総括　328

ここで、本書に関する私なりの総括を行いたい　328

私は「五つの大罪」が存在すると考えている　330

今回のもっとも大きな問題の一つが情報の隠蔽である　332

あとがき　337

【原発参考文献】　340

装帳　中嶋デザイン事務所
編集協力／構成　佐藤　直樹

東京電力の動きを中心として）（2011.3.11～6.6）

	〈原子力安全・保安院〉	〈東京電力〉
3月11日		
午後2時46分	地震発生（東日本大震災）	勝俣会長、鼓筆頭副会長 中国視察旅行。清水社長、四国へ出張。その後夫人とともにプライベートな奈良旅行
午後3時30分ごろ	高さ約13メートルの津波が襲来	
午後3時37分ごろ	1～3号機の全交流電源喪失	
12日		
午後2時15分	1号機の測定データからして「（1号機に）炉心溶融でしか考えられないことが起きている」（中村幸一郎審議官）	午前3時6分 海江田経産相 東電小森常務記者会見。原子炉格納容器の健全性を確保するためやむを得ない措置として内部の圧力を放出するベントの判断を報告。記者から「即座にやるのか」の質問に対し小森常務「はい。今でもゴーすればできる状況です」。だが1号機のベントが行なわれたのは同日午後2時30分である。
午後3時30分	1号機水素爆発	
午後9時半	発言者が中村氏から、野口哲男主席統括安全審査官らに変更。入れ替り炉心溶融に関し「どの程度起きているのか現時点で承知していない」「現時点で炉心溶融が進行していることではないのではないか」と発言。	
午後11時半ごろ	保安院は、事故は国際原子力事象評価尺度（ＩＮＥＳ）で、レベル4に匹敵すると説明	勝俣会長、鼓筆頭副会長、午前11時半ごろ成田着。清水社長、午前10時ごろ東電本社に到着
13日		
未明	前日の野口氏らに代わり根井寿規審議官が登場。交代理由を「幹部からの指示」と説明。溶融という言葉を使わず「燃料破損の可能性は否定できないが開けてみないと分からない」と発言。	13日夜、清水社長初の記者会見。「一番の問題は津波によって非常用の機器が海水に浸かってしまったこと。これまでの想定を大きく超えるレベルだった」「考えられるレベルの津波対策は講じていたので妥当性は問題はない」 想定外を強調する
夕方	西山英彦審議官に交代。	
夜	西山審議官は「1号機は安定、3号機は炉心溶融の段階になく（燃料の）外側の被覆材の損傷というのが適切な表現」と表現が後退する。	

図1　福島第一原発事故ドキュメント（原子力安全・保安院、

3月14日			
	午前11時01分	3号機が水素爆発	14日夜　清水社長、海江田経産相に「第一原発の作業員を第二原発に退避させたい」と電話。官邸は撤退と認識。16日　設備管理部担当者「3号機に限らず、またプルトニウムに限らず、（格納容器）の機密性が保たれていれば（放射能物質は）放出されることはない」
3月15日			
	午前6時すぎ	4号機で爆発音、建屋が損傷	
	午前6時10分すぎ	2号機で爆発音、圧力抑制室が損傷	
3月17日		自衛隊ヘリ、消防車などによる放水開始	30日。前日緊急入院した清水社長に代わり勝俣会長の初会見。「1～4号機は廃炉にせざるを得ない」
3月18日		保安院は、事故の程度をレベル5相当に引き上げ	
4月12日		保安院は、事故は最悪のレベル7に修正	東電1号機のメルトダウンを認める
4月17日			東電、事故収束の工程表発表
4月18日		保安院は、燃料棒の損傷を3段階に分け、中間段階の「ペレットの溶融」が1～3号機で起きたことを認める	
4月20日		（6月6日）保安院は、独自の解析で1～3号機でのメルトダウンまでの時間などを発表。1号機では、炉心露出が11日午後4時40分～同50分ごろ。炉心溶融は11日午後6時～同20分ごろ。圧力容器破損11日午後8時～12日午前2時50分ごろ。2号機は、炉心露出が14日午後6時ごろ、炉心溶融14日午後7時50分～同10時30分ごろ、圧力容器破損14日午後10時50分～または破損なし。3号機では、炉心露出が13日午前7時40分ごろ。炉心溶融が13日午前10時20分ごろ、圧力容器破損14日午後10時10分ごろ、または破損なしと発表した。（以上の分析結果の時刻は推定）	東電、燃料の一部溶融を発表
5月12日			東電、水位計の正しい読み取り結果から、1号機が炉心溶融を起こしたと発表
5月15日			東電、1号機では地震発生16時間後に燃料が大量に溶け落ちるメルトダウンが起きたことを発表
5月24日			東電、2・3号機もメルトダウン（炉心溶融）が起きたと発表

＊中村審議官は1号機が水素爆発が起こる直前の記者会見（12日午後2時ごろ）で、1号機周辺に放射性セシウムと放射性ヨウ素が検出されたことを明らかにし、炉心溶融の可能性に言及した。だが、その後説明者としての任を解かれる。西山審議官に代わってからは、炉心溶融、溶融、メルトダウンという言葉は一切使われず「燃料の損傷」「被覆管の損傷」「燃料ペレットの一部損傷」という表現にとどまる。そして、4月18日に1～3号機で「ペレットの溶融」が起きたことを初めて認める。その後、東電が地震発生から二か月半を経て、1～3号機の炉心溶融（メルトダウン）を発表した。

図2　福島第一原発原子炉1号機〜4号機の変化
(3.11 〜 3.17)

●実際のおもな状況の推移			●関係機関の想定と発言
3月11日	午後3時37分	1号機全交流電源喪失	・東電（11日21時52分）「水位計が復旧。1号機は燃料上部から45センチの水位がある」
	38分	3号機全交流電源喪失	
	41分	2号機全交流電源喪失	
	6時10分	炉心の露出	
	6時50分	1号機メルトダウン進行	
3月12日	午前0時06分	吉田所長1号機のベントを指示	・官邸　菅首相ヘリコプターで福島第一原発視察出発（午前6時14分） ・米原子力委員会「悪いシナリオでは、炉心が100%解けて原子炉格納容器が破損すれば風下80キロまで放射性物質が届いてしまう」「何度も尋ねたが、近藤原子力委員長は決して炉心がむき出しになっていると認めなかった」 ・官邸　1号機水素爆発発生を受けて菅首相「爆発しないといったじゃないですか」。対し班目原子力安全委員長は「あー」と頭を抱える。
	1時50分	1号機原子炉圧力容器損傷	
	午後2時30分	1号機ベントで放射性物質放出	
	3時36分	1号機建屋水素爆発	
3月13日	午前8時41分	3号機ベント実施	
	9時16分	3号機炉心露出	
	10時40分	3号機メルトダウン進行	
3月14日	午前11時01分	3号機建屋水素爆発	・東電（14日午前7時33分）「1号機の炉心損傷の割合は55%」 ・東電（14日夜〜）清水社長が寺坂保安院長に電話。「2号機が厳しい状況。事態が厳しくなる場合には退避もあり得る」
	午後5時00分	2号機炉心露出	
	7時54分	2号機メルトダウン進行	
	9時00分	2号機ベント実施（→失敗）	
3月15日	午前6時00分	4号機建屋水素爆発	
	9時36分	4号機3階北西角で火災発生	
3月16日	午前5時45分	4号機建屋4階で出火	・東電（16日午前11時07分）「3号機の格納容器の健全性はデータから考えて希望が持てる」 ・原子力災害対策本部　菅首相「4号機はプールが沸騰。水がなくなった。それで発熱して火事になっている」
	午後4時00分	3号機ヘリでの注水を高線量のため断念	
3月17日	午前0時55分	ヘリが4号機プールに水があることを確認	・米原子力委員会（17日）「最悪、三つの原子炉と六つのプールが制御不能になるかもしれない」「4号機の爆発で、建屋の壁は倒壊した。もはやプールに水はない」「240〜320キロ先まで避難もある」

福島原発の真実　このままでは永遠に収束しない。

まだ遅くない——原子炉を「冷温密封」する！

序章　このままではダメだ

――危険な現状の認識と新しい方策の提案

■このままではだめだ

このやり方ではいくらやっても本質的な解決にはならない。それればかりではない。いたずらに時間と労力を費やし、無駄なカネを使い、人々は消耗し、被害はさらに拡大する。

こう気づいたのは地震発生から一週間ほど経過してからである。

私はうんざりしていた。後手後手にまわる初動、あやふやで抽象的な情報提供、責任逃れの会見、見通しのないプラン、もたつく対応、失敗の連続、事態は悪いほう悪いほうへと流れていく。そして、事故の本質は何一つ解決しないのだ。東京電力、経済産業省原子力安全・保安院、官房長官の記者会見が幾度となくテレビで放映される。だが、情報は混乱し、不透明なベールにおおわれている。実を言うと私には映像の中で、彼等が何を訴えようとしているのかが分からなかったのである。のちにある人からこんなことを言われた。

「分からないスポークスマンが、分からないことを言っている。それを分からない記者が聞いて、分からない人に伝える。それで、何か分かるのか」

保安院の広報担当だった西山英彦審議官は、もともとは経済産業省で貿易を担当していた人物である。週刊誌などで女性スキャンダルが持ち上がったが、こと原子力に関しては素人なのである。

だが、なぜこんなにも対応がもたつくのか。復旧に向けたマニュアル、あるいはプランはないのか。ある人はこう続けた。

「藪医者は、正しい診断を下せない。だから、適切な処方は望めない。診断を間違えば、処方も間違うからだ。ところが、とりあえず分かったふりをしないと世間体がある。優秀な医師のように振舞わなければならないのだ。そして気づいたときには病気はもう、手遅れになっている。**藪医者でも一応プロならまだいいかも知れない。でも、ずぶの素人だったら、怖いよね。**危機対応のマニュアルがあってもそれを読んだことすらないのかも知れない。しかも、本当の診断は誰が下しているのか。それが見えない」

私は脱力し、返す言葉もなかった。

●なぜ、安全保障会議が開かれなかったのか

阪神淡路大震災（一九九五年）。そのとき私は衆議院の災害対策特別委員会の自民党の理事だった。初期の混乱がやや落ち着きを取り戻したところで現地への視察も行なった。もたつきがなかったとはいえない。いろいろな反省点もある。だが、今度のような遅れ、スピード感の

なさは尋常ではない。すべてが場当たり的なのである。

私は、これだけの国家的危機、重大緊急事態に対し、なぜ、ただちに安全保障会議を開かなかったのか不思議でならない。安全保障会議は、内閣総理大臣と一部の国務大臣によって構成される。また、議長・議員を補佐する者として幹事が、調査分析を進言するための会議内組織として「事態対処専門委員会」が設置される。また、統合幕僚長などの自衛隊関係者を会議に出席させ意見を述べさせることができる。これは会議の議員としてではなく、あくまで関係者としての陪席であり、文民統制の観点から採決など会議の意志決定には参加できない。このような緊急事態体制をとれば、意思決定は素早く行なわれ、しかもその発信元が国民にも明確になる。自衛隊とのスムーズな連携はもちろん、現地に派遣された隊員も、さらに自信と誇りを持って活動できたことだろう。ところが、菅総理は法律として認められているこの組織を使うことなく、わけのわからない新組織を次々に立ち上げたのである。

被災者生活対策本部、原発事故経済被害対応本部、福島原子力発電所事故対策統合本部……そして、二〇を超える委員会が招集される。さらに、蓮舫行政刷新担当相を節電計画等担当相に、辻元清美衆院議員を災害ボランティア担当の首相補佐官に任命する。国家的危機、重大緊急事態をパフォーマンスで乗り切ろうとしたのである。結局、それらは何をとりまとめ、どのように具体化するのかはっきりとしないまま、船頭多くして船山に登るのたとえの通りの結果を招いてしまったのである。これについては第八章「原発事故と危機管理」で改めて検証したい。スリーマイル島の事故では、放射能の外部放出は一六時間で収まっている。チェルノブイリは一〇日である。日本ではまだ冷温停止もままならず、高濃度汚染水は処理しきれない。復興への目途も程遠いのだ。

復興基本法の成立は震災から一〇二日目。阪神大震災は、約四〇日で基本法が成立した。関東大震災では「帝都復興院」が創設されたのが、わずか一か月弱の素早さである。枝野幸男官房長官（当時）は法案成立後の記者会見で次の点を強調した。

「客観的に遅いことは間違いないが、そのことによって何かに支障を生じているということではない」

どのような意味なのだろう。政府の態度があやふやなために、どれだけ復興の妨げになっていることか。このような言葉は、被災地の方にどのように響いたのだろうか。復旧・復興に向けたスピード感のなさは言うに及ばず、認識があまりにも甘すぎるである。それに反し、こちらのスピードは早かった。やっと動き始めた災害復興担当相はわずか九日で辞任。横柄な態度と野卑な物言い。勘違いもはなはだしい上から目線。傷ついている被災地の方々の心を逆なでしたのである。前復興相の人間性を疑うが、これは政府の〝本性〟と無関係ではない。暗澹たる気分になってくるのである。後味の悪さだけが国民の中に残ったままでいるのである。

●ある一本の電話——「事態は思った以上に深刻だ」

時計の針を事故後一週間に戻そう。何か重大なものが隠されたまま、そこを巧妙に避けながら逃げ腰になっている。不都合な事実を隠したままでは、本質的な解決などありえないのだ。ウソを重ね、とりつくろい、見たくないものには目をつぶる。本質的な問題にはフタをする。そうすると、事態はますますこじれてしまう。やがて、取り返しのつかない、後戻りできない地点まで達してしまうのだ。いったい何をやっているのだろうか。そんなことを考えているとき、ある一本の電話が知人からもたらされた。

「専門家に会ってほしい。事態は思った以上に深刻だ」

私は原子力の専門家ではない。基本的な原理は知っていても、おそらく一般の方とそう変わらないだろう。しかし、テレビや新聞の報道に接しながら何か腑に落ちないものを感じていた。それは私だけだろうか。とんでもなく重大なことが原子炉建屋、そこにある圧力容器、格納容器内で進行している。ひょっとしたらコントロール不能に陥っているかも知れない。

私はお会いしてみようと思った。話の内容は、実に驚くべきものだった。だが冷静に考えると、極めて合理的で、素人の私でも納得のいくものだったのである。

「すでに、メルトダウンは起きています。しかも、その日のうちに」

（東電は事故から二か月後の五月一二日に、1号機では地震発生から一五時間後に燃料が溶け落ちるメルトダウンが起きたとみられることや、2号機、3号機でもメルトダウンが起きた可能性があると認めた。それまでは、「燃料ペレットの一部損傷」であった。保安院は、三か月後の六月六日、1号機のメルトダウンは五時間後に始まったと発表している）

「事故の二日後に気づいていました。レベル4とか5の話ではありません。チェルノブイリと同等か、あるいはそれ以上のレベル7。原子炉の過酷事故です」

（保安院は三月一二日、国際原子力事象評価尺度＝ＩＮＥＳでレベル4と発表。同一八日にレベル5、四月一七日に最悪のレベル7に引き上げている）

「放射能は、ベントと水素爆発でほぼ出し切ったでしょう」

（保安院は六月六日、大気中に放出された放射能物質は七七万テラベクレル（テラは一兆倍）と発表した）

「冷やすことは緊急の処置ですが、水でそれをやり続けると燃料棒を洗った汚染水ばかりが溜まりに溜まって、管理不能になります。そして汚染水は見えない隙間からも漏れ出てしまいます。しかもそれは、超高濃度汚染水なのです」

「冠水化（水棺化）は、必ず失敗します。なにしろ格納容器に穴があいている。底に穴があい

たバケツにいくら水を注入しても、バケツに水はたまらない。冷やすべき圧力容器までは届かない」

案の定、東電は五月一四日、冠水化を断念することになる。

●「メルトダウン」のイメージに政府も東電もおびえていた

メルトダウンは、誰しも考えたくない事態であった。だが、専門家はもちろん、原子力のことを少しでも知っている人なら、あるいは他の分野の科学者であっても、そのことを想像していたはずだ。恐らく、東電も保安院も政府も知っていたのである。

メルトダウンという言葉が一般的になったのは、『チャイナ・シンドローム』という映画からではないだろうか。この映画はくしくもスリーマイル島事故のわずか一二日前に封切られた原発事故のメルトダウン（炉心溶融）を扱った作品。ジェーン・フォンダ、ジャック・レモンの名演技もあり、日本でもヒットした。「チャイナ・シンドローム」とは、原発がメルトダウンを起こせば、核燃料が下へ下へと落下し、最後は地球の裏側まで突き抜け、中国に達するというものだ。もちろん、作品の中ではジョークとして語られる言葉だが、地球そのものを破壊しかねない悲劇というニュアンスを含んでいるようだ。米国で発生したメルトダウンが地球の裏側の中国にまで達するというのは大げさにしても、それがマグマに達すると大爆発を起こすのではないかと危惧される方もいるようだ。しかし、そのようなことはまったくないので心配はいらない。第二章で紹介する、「地質学的見地からみたメルトダウンの進行プロセス」を参考にしていただきたい。だが、次のようなことは想定しなければならない。

●空焚きが五分も続けば溶融が始まる

溶け出した燃料棒の温度は、約二八〇〇℃。圧力容器、格納容器ともに鋼鉄製だが、その融点は一五〇〇℃。これらをコンクリートの土台が支えているが、コンクリートの融点は六〇〇℃である。まずこのことを覚えておいてほしい。簡単にポイントだけをまとめてみよう。

ステーションブラックアウト（全交流電源喪失）により燃料棒への冷却機能が失われる。つまり水をくみあげるポンプが電気がこないことにより停止し、冷却のための水を供給できなくなる。すると、圧力容器内の水位が下がる。燃料棒の本体が現われる。燃料棒はものすごい熱を持っており、空焚きの状態になる。一二〇〇℃以上になると、燃料を包んでいるジルコニウムという合金でできている被覆管が水蒸気と化学反応を起こし、水素を発生させる。この水素がのちに建屋を破壊した水素爆発の原因となるものだ。やっかいなことに、この化学反応は同時に急速な発熱反応を伴い、温度はますます上昇するのだ。

約一八〇〇℃で合金の融点に達し、合金そのものも燃料のように燃え出し、約二八〇〇℃で燃料そのものが溶け出す。**空焚き状態が五分も続けば溶融が始まる。**

鉄の融点は一五〇〇℃である。圧力容器は厚さ一二～一三センチメートルもあるが、底に真空管の足のように何本ものパイプが出ていて、それぞれの足の圧力容器から格納容器へと伸びる結合部は、とても弱い。極論するとハンダ処理状態なのである。容器の材質と厚さをいくら誇ったところで「足」が出ている分、気密性はそこなわれるのだ。接合部は弱くなっている。そこにドロドロに溶けた燃料が落ちるのだから、ひとたまりもない。さらに格納容器。これも鉄製である。格納容器の底部には厚さ一メートルほどのコンクリートがある。そして突き抜ける。核燃料は溶けた飴のようにドロドロのかたまりとなって鋼鉄製の底に到達する。このドロドロのかたまりの大きさは、直径が三メートルとも四メートルともいわれている巨大なかたまりだ。その下はコンクリートの土台である。厚さはだいたい一〇メートル。だが**コンクリートの融点は六〇〇℃程度だ。たとえばここに一〇〇〇℃のものが乗るとどうなるか。乗った瞬間に水飴のような状態になり、その熱いかたまりは、下へ下へと進み、コンクリートの土台さえも突き抜ける。そして「土」へ。最終的には岩盤まで到達する……。東電は溶けた燃料は格納容器の（内部の）底にある一メートルほどのコンクリートを最大六五センチメートル侵食し、**

そこにとどまっているとしている。だが、甘い解析といっていいだろう。

そこに至るまでの地層が砂のようなものなら、また、その層が海に傾斜しているとしたら。海洋に流出する。水は高いところから低いところへと流れるのである。途中に地下水の水脈が流れているはずだ。そこに浸入する。そして多くの農家は、地下水を田んぼや畑に利用している……。

私は、自身のコントロールを失いそうになった。

過剰に危機をあおっているわけではない。その危険性は十分にあるのだ。ただ、**ドロドロに溶けた燃料は、いまどこにあるのか。そして、どんなカタチをしているのかは誰にも分からない。姿カタチを見ることはできないからだ。しかし、その気になれば、〝現在地〟を推定することは不可能ではない。測定する器具も方法もあるのだ。**詳しくは第五章にゆずるが、このことに関心を持っている人は案外少ないのである。

●バケツに穴があいている

専門家はもちろん、原子力のことを少しでも知っている人なら、メルトダウンが起きていることはたやすく想像できるといわれている。原子力に関する知識のある人の常識で、ＡＢＣのＡだというのである。

確かに推測でものを言ってはいけない。当然である。実証データに基づき、確証、確認が得られているものでなければ公式発表などできない。しかし、原子炉のフタを開け、覗き込むことは一〇〇％不可能だ。さらに内部の温度や水位、圧力などを示す計器も破損しているとしたら、確定情報などいつになったら出せるのだろうか。

東電、保安院、政府から出された初期の情報は、どれも要領を得ないものばかりであったが、確定情報がないのだから当然かも知れない。あやふやで抽象的。「ただちに健康への害が出るものではない」「燃料ペレットの一部に損傷があると思われる」「圧力容器が壊れている恐れは低い」など、希望的観測に満ちたものばかりである。あたかもそれは、「起きてほしくないものは起きないと思いたい」「解決策を見いだせないものについては、できるだけ遠ざけようとする」かのようであった。私はいまでも、できることなら被害は最小限であってほしいと心から望んでいる。最悪の事態には至らないでほしいと強く願ってもいる。ともすれば、希望的観測、楽天的な見通しの方向に心は傾きがちだが、目をつぶってやり過ごせるほど今回の事故はたやすいものではないのだ。

「人間ならば誰も、現実のすべてが見えているわけではない。多くの人は、見たいと思う現実しか見ていない」。ユリウス・カエサルの言葉である。問題を直視しなければ、真に有効な解決策は見いだせない。事実を冷静に受け止めることが何よりも求められるのである。

●すべてのエンジンが脱落したジェット飛行機をどこに不時着させるのか

バケツに穴があいている。そこに水を入れてもジャージャーと漏れるだけだ。**冷やすことは最優先だが、その水は、燃料棒を冷やすと同時に、洗うことで、放射能を含む高濃度の汚染水に変化してしまう。この汚染水をどうするのか。誰が管理するのか。大きな問題である。**冷やさなければならない。水で冷やす→その水は汚染水になる→処理しきれるのか。汚染水のジレンマである。この問題は恐らく長く尾を引くことだろう。

人は起きてほしくないものは起きないと思い込む性質を持っている。東電、原子力保安院、政府の対応にそれを感じていたのは、私ばかりではないだろう。

お会いした専門家の説明は、実に分かりやすく、素人にも納得のいく、極めて合理的なものだった。これまでの、東電、原子力保安院、政府から出された情報の分かりにくさ、あやふやさが一気に解消されるような気がした。そしてこの事故が、極めてリアルで現実味を帯びたものとしてイメージできたのである。だがその〝現実〟は、できればそうなってほしくないと考えていた以上のものだったのである。根拠のない楽天的な願いはいとも簡単に打ち砕かれてしまったのだ。そして、事態はその専門家がレクチャーしてくれたとおりに進行するのである。もちろん、深刻の度を増しながら……。

彼らは最後にこう言った。

「たとえば、二つのエンジンを持っているジェット飛行機の、そのエンジン二つが脱落したとしたら、どうなりますか。気流のせいでたまたま上昇するかも知れない。だが、グライダー状態になる。コントロール不能のこの飛行機をどこに不時着させるのですか」

●汚染水、使用済み核燃料が事故をより複雑にしている

原子力発電といっても、何もむずかしいものではない。ここでは、基本的原理を簡単に説明したあと、今回の事故の経過をざっとおさらいすることにしよう。

原子力発電の原理はとてもシンプルだ。お湯を沸かし、その蒸気の力で大きな羽のついたタービンを廻し、電気を起こす。その電気を送電線に流し、家庭や工場で利用する。これだけだ。石油や石炭、天然ガスなどを燃やす火力発電も同じ。お湯を沸かした蒸気でタービンを廻す。水力発電は、ダムにせき止めた水を落とすことでタービンを廻す。ただ違うのは、原子力

発電は、核燃料の出す熱（核分裂することで発生する熱）で水を沸かすこと。たった一グラムのウラン235が出すエネルギーは、石油なら二〇〇〇リットル、石炭なら三トン分に相当する。もう一つ大きな違いがある。石油や石炭、天然ガスは燃やすと炭酸ガスや灰が残るが、ウランを核分裂させたあとに残るのが放射性物質である。

今回の事故で、使用済みの核燃料のプールが圧力容器の横上に設置されているのにお気づきの方も多いと思われる。なぜ、こんなところにあるのか。危険極まりない場所ではないかと驚かれたのではないだろうか。行き場がないのだ。誰も引き受けてくれないのである。

再処理工場の青森・六ヶ所村が満杯に近い状態になっているために、搬入することもできないからだ。六ヶ所村の再処理工場の原材料プールの容量は三〇〇〇トン。だが、すでに二七〇〇トンが運ばれ、残りはわずかに三〇〇トン程度。再処理工場が完全稼働すれば、年間八〇〇トンの使用済核燃料を再処理することができる。だが、それでも毎年一八〇トンの使用済核燃料が処理しきれずに溜まっていく。よく「トイレのないマンション」などと言われるのはこのためだ。廃棄物を捨てることができないのである。

参考までに使用済み核燃料は、1号機には二九二体、2号機五八七体、3号機五一四体、4号機一三三一体。しかも、それぞれが損傷の疑いが持たれている。使用済み燃料は、プールの水で冷やされているが、その水が失われれば高い崩壊熱を持つ。三月一五日の4号機での爆発音は、3号機の使用済み燃料プールが原因と推定されている。一七日、二機の自衛隊ヘリにより3号機へ計三〇トンの海水が投下された。使用済み燃料保管プールから白煙があがり、大量の放射性物質が放出されていたためである。自衛隊の決死の努力には深く敬意を表するが、結果は「焼け石に水」にも及ばない。

原子炉そのものの問題以外に、使用済み核燃料プールのトラブルも、今回の事故をより複雑なものにしているのだ。ちなみに、圧力容器に入れられ損傷した燃料が1～3号機で一四九六体ある。

●事故の大まかな経緯

福島第一原発の1号機から4号機を中心にみていくことにしよう。5、6号機は定期点検で運転を中止していた。また、1～4号機とは異なる非常用電源のシステムが稼動したため、難を免れている。

二〇一一年三月一一日、一四時四六分。マグニチュード9の地震が東北地方を襲う。設計をはるかに超える地震。しかし、原子炉はよく耐え、自動停止した。外部電源は喪失したが、非常用電源の起動によって、冷温停止への冷却のモードに入る。ここまでは、大きな危機が襲ったとはいえ、いわば順調に反応していたのである（最近は、津波が襲うより先に、地震そのものによる損傷が起きたのではないかという説も浮上している）。ところが約一時間後の一五時三〇分ごろ、大きな津波が襲うのである。原発附近は高さが一四〜一五メートルの高さがあったという（一〇メートル前後という説もある）。そのため地下にある電源設備が水没し、ディーゼルエンジンの燃料のオイルも流失する。このため、冷温停止のために働いていたすべてのシステムは使用不能に陥る。**ステーションブラックアウト（全交流電源喪失）である。この状態は、以後一三日間続くことになる。最大八時間の停電には耐える非常用のシステムを備えていたが、力尽きるのは時間の問題である。アメリカは約一日の電源喪失に対応するシステムになっているという。**しかし、停電後も電気を使わない安全設備は稼動したようだ。水蒸気を利用した小さなタービンによって電力を確保したからである。1号機では、約半日間、2、3号機では約一・五〜三日間は稼動し、炉心の冷却をしていたと推測されている。だが停電は、設計基準を超えて長引き、外部電源が回復しないままシステムは停止することになる。

水で冷やすためにはポンプが必要である。そのポンプが電源がないために動かないのである。そして、崩壊熱による冷却水の蒸発で炉心が顔をのぞかせ、高温になった燃料被覆管（ジルコニウム）と水蒸気とで化学反応を起こし、大量に水素ガスと炉心の溶融が発生する。この水素ガスが、1、3号機の水素爆発の原因となるのである。

●このままでは日露戦争の二〇三高地になる

東電は当初、原子炉を水で満たす「水棺（冠水）」を目指したが、格納容器の破損により水がたまらずこれを五月中旬に断念した。穴のあいたバケツに水がたまらないことがやっと理解できたのである。現在は汚染水を浄化しながら冷却水としてグルグル回す「循環注水冷却システム」の安定的な運用を目指している。だがそれも、計器の設定ミスにより自動停止したり、パイプのつなぎ目が上手くいかなかったり、水漏れしたりなど失敗の連続である。循環させるためのパイプの総延長は四キロメートルもあるのだ。しかもその中を流れる汚染水は、高濃度である。放射能レベルの極めて高い場所があちこちにある。作業は短時間で交代になり、余計に手間がかかる。要員も増やさなくてはならない。死者が出ることさえ危惧されているのだ。

原発事故対応の三原則である「停める、冷やす、閉じ込める」の冷やすことを、「水」にこだわればこだわるほど、汚染は広がると、そろそろ覚悟すべきなのだ。水はとても、やっかいだ。姿形をいかようにも変形させながら、高いところから低いところへ流れる。少しの隙間からも漏れ出ようとする。汚染水との戦いは永遠に終わらないのだ。

例えて言えば、日露戦争の二〇三高地のように、勝利への見通しもなく、死屍累々を重ねるようなものである。また「水」との戦いに固執するあまり、太平洋戦争で、ガダルカナルで負け、ミッドウェーで負け、連戦連敗なのに、「負けていない」と言い張っているのが、東電であり、官邸なのだ。大本営発表はもういいかげんにしてほしいのだ。

●私からの提案――原子炉の「冷温密封」

私は、「冷温密封（cold completely sealed）」を提案する。

冒頭でも書いたが、原発事故対応の三原則である「停める、冷やす、閉じ込める」。三つめの、「閉じ込める」を最優先するのだ。いずれにしてもいつかはそれをしなければならないのだ。早いか、遅いかの違いである。遅ければ遅いほど被害は拡大する。詳しくは第五章をお読みいただきたい。先に示した、私的勉強会、超党派の会議、マスコミなども、政府の工程表の対案として私たちのプランを提示し、政府を追及すべきだという意見が多数を占めるようになっている。この対案の中心になるのが、「冷温密封」なのである。チェルノブイリ原発のように、原子炉建屋全体をコンクリートで固めてしまうのだ。放射性物質の外部への流出を防ぐために、原発それ自体を制圧するのである。

私が呼びかけたマスコミはただちに反応してくれた。いち早く社説に掲載してくれた朝日新聞、注目してくれている読売新聞、危機意識を共有してくれた文藝春秋、週刊文春、サンデー毎日、私の地元である愛媛新聞、そして数々のメディア……。お声がけすればもっと多くの方々が賛同していただけるはずだ。だが、私にも限界がある。あまねく届かせることはとても不可能だ。このことをお許し願いたい。

半径二〇キロメートル以内の地域は警戒区域、三〇キロメートル以内は緊急避難準備区域と指定され、放射能災害が発生している。「警戒区域」の外側にある飯舘村はその全域が、放射線量が年間積算20ミリシーベルトに達する怖れがあるとする「計画的避難区域」に指定された。住民全員の避難が指示されたのである。土壌からは放射性物質の検出が続いている。初めて開かれた復興会議（東日本大震災復興構想会議）では、原発事故の問題は議題としてふさわしくなく、扱わないようにする動きがあったようだ。事故は個別の事象であり、会議は全体の復興を優先する場だとでも言いたいのだろうか。とんでもないことである。福島県知事は、「原発の問題が終わらないかぎり、この東日本大震災は終わらない」と怒りを込めて会議の口火を切った。まったくそのとおりなのだ。**繰り返す。この原発問題が解決しないかぎり、東日本大震災は永久に終わらないのだ。**

第一章　後手後手に回った対応と汚染水のジレンマ

〜衆議院決算行政監視委員会（四月二七日）

■政治不在こそが東日本大震災のすべてである

第一七七回国会　決算行政監視委員会（委員長　新藤義孝）は、平成二三年四月二七日（水曜日）、午後一時から開催された。委員会は、国会による行政監視、立法機能の強化を目的として設立されたものである。

今回は、私を含め四人の委員が質問に立った。私は三人目の質問者だったが、本書の冒頭でも触れたように、この模様はインターネットで中継され、三〇万件を超える、この種の番組としては異例のヒットを記録している。三名の先生方が参考人として出席されている。お名前と肩書きのみを紹介させていただく。松浦祥次郎氏（公益財団法人原子力安全研究協会評議員会長）、佐藤暁氏（インターナショナルアクセスコーポレーション上級原子力コンサルタント）、住田健二氏（大阪大学名誉教授）。

なお、質問内容に関しては、話し言葉を文章化する際、読みやすくするための編集を加えてある。主語などの補い、繰り返しなどの削除、意味を伝えるための言葉の順序の入れ替えなどを施してある。ご了承願いたい。また、事故から一か月と少し経過した時点での質問であることもご理解いただきたい。政府・東電がメルトダウンを認めるのは、これから約二週間後の五月一二日のことである。

村上誠一郎（以下「村上」）　最初に、このたびの東日本大震災で被害に遭われたみなさま並びに亡くなられたみなさま方に対し、心からお見舞いとお悔やみを申し上げます。とくに、今回の原発事故で多大なる被害を受けている方々に対し、残念ながら政府の対応は非常に遅れています。まずそれを指摘したいと思います。

政府にお聞きたいのは、最初の復興会議（東日本大震災復興構想会議議長　五百籏頭《いおきべ》真　防衛大学校長、神戸大学名誉教授）を開いたときに、議題に原発問題を取り上げてくれるなというお達しがあったようですが、政府、それは本当ですか。

荻野政府参考人　東日本大震災復興構想会議についてお尋ねでございますが、この会議におきましては、被災地の状況を踏まえまして、幅広い見地から、復興に向けての指針策定のための復興構想についてご議論いただくというものでございまして、特定の事項を除外するというようなことはございません。

村上　謝罪をするにしても、何を反省するか分からない東電や政府。人のごとのような答弁はもうそろそろやめてほしい。会議では福島県知事が、「この原発の問題が終わらない限り東日本大震災は終わらない」と怒りを込めて訴え、議題に入った。申し上げたいのは、政府のこの問題に関する最優先の課題は何か、それを全精力を挙げてやらなければならないという気構えが本当にあるのかということを指摘したいと思います。

原発事故の問題について伺います。これまでに明らかになったのは、長期間にわたる放射能漏れという原発に関する想定外事態への対処能力が、エキスパートと思われていた政府、原子力安全・保安院、東電いずれも脆弱だったということです。想定外と言いますが、アメリカではもうすでに三〇年前に全電源が喪失したことを想定したレポート（米スリーマイル島原発事故）がある。このことは当然ご存知ですね。

小森参考人　レポートそのものは私自身は見ておりませんが、それをベースにしたアクシデントマネジメント、あるいはそういう手順というものは、その後、日本国内でも整備され、全交流電源喪失ということだけではございませんが、そういう手順についての整備については知っておりました。

村上　外国では原発は地震のないところ、そして雨や洪水による被害が想定しにくいところに限定して作ることになっています。日本のように地震が多発し、雨、洪水の多い、危険性のリスクの高い場所に建設せざるを得ないような状況において一番大事なのは、炉心がこのような状況になったときにどのように対処するか、そのマニュアルというものを最初から持っていたのか持っていなかったか。この点、東電、どうですか。

小森参考人　先ほど申しました過酷事故に対する手順あるいはマニュアル、そういうものは整備しておりました。

村上　住田先生にお伺いします。住田先生が「すべてが後手後手に回る」と朝日新聞（四月六日付）でお書きになられていました。**今回、原子炉が停止してから一〇時間近く、何もできなかったということは、先生が書かれたように、すべてが後手後手に回った。すなわちこれは担当者の責任であると私は思いますが、先生はどのように思われますか。**

住田参考人　**私もそのように思います。**

●ベントの指示は誰がいつどこで出したのか

村上　原子炉がダメージを受けたときにはどうしたらいいのか、これはマニュアルに沿ってきっちりとやるべきでだったと私は思います。そしてただちに判断すべきことは、廃炉にするかどうかということ。これを早く決断すべきだったと思います。それに躊躇したがために、海水の注入が遅れた。私はそう考えています。今回の事故の引き金は天災であったが、その後はすべて人災であったと私は考えています。

とくに、**ベントの実行に対し、私が不審に思うのは、東電も保安院も、あたかもベントをするのが当たり前だという姿勢です。そもそもベントは炉の自殺を意味する行為です。やむを得ない場合にのみ行うべきものです。**チェルノブイリに比べて格納容器があるから安全だといっても、ベントをすればその安全性が吹っ飛ぶわけです。このベントの許可について、誰が、いつ最終的に指示したのかを経産省、教えていただきたい。

中西政府参考人　お答え申し上げます。いまご指摘のとおりのベント操作につきましては、格納容器の健全性を管理された状態で、ある程度の放射性物質を格納容器の中に逃すということもありまして、そういった意味での影響が大きいということでございますけれども、具体的には、これは三月一二日の一時半ごろに具体的にベントをするということで判断いたしまして、その同じ日の夜中でございます、三時六分から、海江田大臣から記者会見の場で、格納容器の圧力が高まっており、弁を開いて圧力を解放するということで東京電力より報告を受けたといった形で対外的に記者発表もさせていただいているところでございます。

村上　ベントをしなかったらより多くの放射性物質が飛び散ってしまう。だから、緊急避難的にやるということですね。ということは、水素爆発の可能性もあるし、ベントをやったら大変危険な状態になるということですね。それでは、お伺いします。菅氏がそのときに、ある記事によると「午前七時過ぎに首相は見切りをつけて自衛隊ヘリで福島第一原発に到着、迎えのマイクロバスで、隣に座った東電の副社長に、何でベントを早くやらないんだ」と。**この国には諸葛孔明も竹中半兵衛も黒田官兵衛もいないのかということです。一国の総理がとても危険な場所に行くという。それを止めない。「殿、それは大変です、やめてください」と言うのが当たり前なのに、誰一人言わなかったのですか。**東電と経産省、総理が現地へ行くことを誰も止めなかったのですか。

小森参考人　ベントにつきましては、事象が非常に厳しいということで、早い段階からその手順に従いまして準備をしておりました。私の方からも、ベントというのは、先生のおっしゃられるとおり、非常に放射能をある面では放出することと、大きく格納容器を破損させないという二つのもののバランスの話でございますので、われわれとしてはベントをするという方向で判断をし、国のほうにもお話しに行っていたということであります。そのことと、総理が現地をごらんになるということとは直接関係なく、われわれとしては、とにかくベントをするという判断につきまして、国とお話をしておりました。総理の現地のお話ということについては、われわれとしては、判断あるいはそういったものについてよく存じ上げないという状況でございました。

村上　こんないいかげんな答弁でいままでよく原子力発電をやってきましたね。みなさんお分かりのように、総理が現地に入っている間に、もし、水素爆発が起こったり、ベントによって多量の放射性物質が飛び散ったり、しかもベントによって何が起こるかも分からない。もし、最悪の事態が発生していたら、どういうことになっていたのでしょうか。話を変えましょう。私は、今回の一番の大きな問題は、情報公開です。事故が環境やその他のものにどのような影響を与えるかということを本来保安院や東電は逐一われわれに伝えなければならない。だが、本当に重要な情報はほとんど知らされていない。このことについてあなたたちの話を聞いていてもしょうがないから事実を詰めていく。ベント後に官邸に戻った首相が、与野党含め「これで危機は過ぎ去った」と大見え切った。大見え切ったら、途端に爆発してしまった。結論は何かと言いますと、結局、首相はその後、三月一五日の午前五時半過ぎに東京・内幸町の東電本店に乗り込み、会議室で居並ぶ幹部を前に大声を出した。「撤退などあり得ない、一〇〇％つぶれる」と。滞在は三時間に及んで、別室に移った後、いすに座ったまま居眠りをしてしまった。居眠りはご愛きょうですけれどもね。危機管理からいってもトップが情勢の全体像を把握しないまま現場に急行するのは、問題解決につながらないばかりか、もし行政のトップが爆発でケガでもすれば、あるいは万が一命を落とすようなことがあればどうなると思いますか。危機管理のイロハが分かっていない。周囲も止めるべきだったのに、止めなかった。経産省、これに対してどう思いますか。

中西政府参考人　まず、三月一五日の件でございます。三月一五日に、実は、東電の方に政府全体としての統合本部というのを設けました。実は、今回の事故につきまして、全体像の把握というご指摘もございましたけれども、やはりわれわれとしましては、そういう危険なところ等についての管理というのは、今後、今回をいろいろと踏まえて考えていくべきかというふうに考えてございます。

●アメリカも激怒した危機管理の甘さ

村上　何回も言うように、政府も東電も他人事みたいな答弁です。とくに総理がこういうことにパフォーマンスで現地に行こうとするのを、体を張って止めるのが忠臣でしょう。それをしないで行かせてしまう。そして、もっとおかしいのは、情報をちゃんと伝えないことです。水素爆発が起こって放射性物質が飛び散ったのは、三月一二日から三月一五日。この間に、放射性物質はほとんど飛び散っているんです。ということは、そのときに本当に国民のみなさんに、ベントをして大変なことになるんですよ、水素爆発して大変なことになるんですよときちっと言わなきゃいけないのに、まだレベル４だとかなんとか言っている。大体、三先生方は言わなかったけれども、あの一二日から一五日、新聞のニュースでも出ていますが、もうレベル７に達するということは推測できたはずだ。それも黙っている。経産省、それはなぜ黙っていたんですか。

中西政府参考人　お答え申し上げます。いまレベル７というお話がございました。実は、われわれも、１号機から４号機、プラントのデータ、できるだけそれを踏まえた上で、どのような核種がどれぐらいの程度外に出たのかを評価するというようなことをやろうといたしましたけれども、先生ご案内のように、当時は外部電源がまだ全部復旧していなかったということもございまして、発電所の中の状況が把握できなかったということもございます。そういった中で、ようやく三月の二三日に外部からの電源が供給されることによりまして、プラントの中のデータが一部でございますけれども読むことができるようになったということで、対外的にレベル7というふうな評価ができるようになったという環境の変化がございました。

村上　それはうそだ。佐藤参考人、どのように思われますか。

佐藤参考人　少なくともスリーマイルのような規模を大幅に上回る事象になるということは容易に予想ができたと思います。あくまでも予想で、それをぴたりと的中させるというようなことはもちろんできないわけですが、その場合に、オーバーコール（過大評価）になるか、アンダーコール（過小評価）になるか。それを極端に、オーバーコールを恐れて、アンダーコールの評価を対外的に報道していたというふうに受け止めています。

村上　ありがとうございました。佐藤さんはジェントルマンだから遠慮っぽく言いましたが、そういうことではないということであります。もっと大事なことをお話します。それは、原子力事故というのは、東電がいくらビッグエンタープライズであるからといって、一企業で処理できる問題じゃないのは明白です。とくに、初動の大きなミスは、産経新聞の四月一〇日にありますが、菅総理は「災害対策基本法に基づく中央防災会議さえ開こうとせず、執務室に籠もって一人で新聞や雑誌を読みふけっていた」ということ。それから二番目は、これは文春の記事ですが、**「アメリカのオバマさんはじめルース大使は、アメリカは「事故翌日の一二日、「できることがあれば何でも協力する」と、米軍派遣の用意があることを首相官邸に伝達した。防衛省も同日、自衛隊派遣の意向を伝えた。しかし、官邸側はあろうことか、「まずは警察や消防で対応する」と、これらの申し出を断ってしまう。**一刻も早い対策が必要な原子力災害では許されない、致命的な判断ミスだった。東電が自力での対処にこだわったとの見方に加え、政権維持に汲々とする菅が「米軍の協力を仰げば野党に攻撃の余地を与える」と過剰反応したとの説もある。菅サイドはルース大使の面会要請も断り、米政府を激怒させた」（文藝春秋五月特別号）と、そう書いてあります。危機管理で考えるべきことは、全世界の経験や英知や技術やツールや検査器具や、いまドイツが東電に申し入れている防護服も含めて、すべて結集しなければならないのに、残念ながら、初歩の初歩の段階でこの独善に入ってしまった。これに対して、ジェントルマンで言いづらいかもしれませんが、班目《まだらめ》委員長はどういうふうに思われますか。

班目参考人　申しわけございません、一一日から一二日にかけて私ずっと危機管理センターの一室にこもってございましたけれども、そのような事実は実は私の耳にはまったく入ってございませんので……（村上委員「いや、事実だとしたらどう思われますかと聞いているんです」）ぜひ本当は支援していただきたかったなと思います。

村上　だいたいこれで本当に今回の事故が人災であったということ。また、こういうときに本当の政治家のリーダーシップが発揮できず、さらに危機管理もできていないということが明白になったと思います。さて、今後の対策についてですが、私は非常に危惧しております。それも、工程表は早くても六か月から九か月、ということは、最初に申し上げたように、この東日本大震災が来年の正月まで続くということです。しかし、この事故を本当にどのように速やかに収束させるか、これがすべてです。だが残念ながら、先ほど申し上げたように、全世界の英知や経験や道具など、すべてを結集できる体制が私はまだまだできていないと思います。住田先生、どう思われますか。

住田参考人　先ほども申し上げましたように、私は、全世界も結構ですけれども、まず日本の国内の技術者、科学者、研究者の結集をぜひお願いしたいと思うんです。まず国内の垣根を取っ払わないで、海外からいろいろなものが入ってくる、それは大変結構でございますし、悪いことじゃありませんから、大いに歓迎でありますけれども、日本の国内で垣根があれば外から入ってきても上手く利用できない。本当に使うのは日本人ですから、それを申し上げたいと思うんです。

●しっかりとした追跡調査もしていない汚染水の海洋への放出

村上　住田先生もジェントルマンですから、まず日本からとおっしゃる。だが、それさえもいまできていないということです。放射能汚染についてですが、これについてもほとんど知られていない。チェルノブイリの場合ですが、実は三百キロに及んでいます。しかし、汚染の広がりはまだらで、必ずしも同心円状に汚染されるのではない。そのときの風向き、地形などによって大きく影響されてまだらになるわけです。ただ、言えるのは、日本の場合は定点の観測点が余りにも少ないために、どこがどれだけ汚染されているのかを誰も把握していない。だから、本来ならば、福島から一〇キロメートルでいくら、二〇キロメートルならいくらと、本当はもっと観測点の数を増やさなければならない。この間、足立区で、普通のベンチでかなりの放射線の暫定値が測定されました。佐藤参考人、これについてはどうでしょうか。

佐藤参考人　私は実際に測定しましたが、東京の公園のベンチでも一平方センチメートル当たり三ベクレルの汚染がありました。先ほど管理区域の話がありました。管理区域のレベルは四ベクレルです。つまり、東京も管理区域のレベルに近いところまで汚染が進んでいるということになります。

村上　ドイツの気象庁が出している汚染のマップがありますが、やはり、風向きによって飛び散っていくのが分かる。つまり日本でも、風向きが変われば、首都東京にもくることは考えられます。実は、**もっと私が心配しているのは海洋汚染です。まず最初にお聞きしたいのは、汚染水の海洋への放出についてです。一万一千五百トンの低レベルの汚染水だということですが、あれは誰がいつどこで許可して、それを放出することを認めたんですか**、経産省。

中西政府参考人　われわれも、福島原子力発電所の中で比較的高い放射性物質の汚水が見つかったということで、それはまずは、2号機のタービン建屋の地下でその高レベルの……（村上委員「違うんだよ。誰が決めたのか、それだけ答えてくれよ」）最終的には、われわれの海江田大臣が原子炉規制法に基づき……（村上委員「海江田大臣が決めたんですね」）はい。

村上　お聞きしたいのだが、低レベル、低レベルと言うが、そのときに流した水の、放射能の量はどのぐらいだったのでしょうか。教えてください。

中西政府参考人　いま、ご指摘ありました放出につきましては、四月四日から一〇日までの間に、放出量といたしまして一三九三トン、放射性物質の総量といたしましては一・五掛ける十の十一乗ベクレルというふうに評価してございます。

村上　私は、それは決して低レベルだと思いません。そして、もっと大変なのは、その後ぼたぼたとトレンチから流れ出た排水が、何と四千七百兆ベクレル、一年間の許容量の二万倍ということです。ということは、一瞬のうちに二万年分が出てしまったということになります。もう一回お聞きましょう。いままでにどれだけの水量を注入して、どれだけ1号機、2号機、3号機、4号機の中に水が残っていますか、説明してください。分かる人に答えていただきたい。東電の人でも、分からない人では困るのです。

小森参考人　お答えいたします。時点がきょうまでというわけではないかもしれませんが、

1号機につきましては七万五キロリットル……（村上委員「いや、トータルでいいです。1号機から4号機まで、全部でいくら入れて、それでいま現在どれだけ残留の水があるかということを数字で示してください」）ちょっといま、手持ちでは持ち合わせておりません。

村上　これでお分かりいただけたように、何も把握していない。実はこの海洋汚染は大変なことになります。もう一つ聞きます。**一万一千トン近く低レベルと言って流したようですが、そのときに、ただちにGPSをつけてブイを一緒に流して、どのような方向に流れるか、私は追跡調査をすべきだったと思いますが**、東電さん、経産省、やっているんですか、やっていないんですか。

中西政府参考人　今回の海洋放出等々に伴いまして、われわれとしましても、海洋汚染の問題はかなり関心を持って見ております。具体的には、東京電力さんのほうで、一五キロメートル沖合の地点での観測地点を三か所から六か所に倍増させていただきまして、さらに観測回数も四回に増やさせていただきます。

村上　もうあなたの説明を聞いている意味がないですよ。われわれが一番心配しているのは、結局、あれだけ流していけば、アリューシャン列島、アラスカから太平洋岸まで届いたときにどうなるんですか。ある研究によっては津軽海峡から日本海にさえ流れていくという推測まで出ている。海洋法違反における風評被害や莫大な損害賠償を請求される危険性があるのに、そのことについてただ関心を持って見ているだなんて、あなた、よくのうのうと言えますね。では、その責任は政府がとるんですね、経産省。

新藤委員長　経産省中西審議官、先ほどの質問は、放出した水に対して、ブイを置いてＧＰＳでずっと追跡調査をしたかという質問です。

中西政府参考人　先ほどご指摘いただいた点の、ブイを置いての観測、ＧＰＳの観測はやってございません。すみません、先ほど私の答弁の中で、海洋放出の量を一千トンと読みましたけれども、トータルとしては一万三九三トンの間違いでございました。

村上　本当に私は、日本の官僚がなぜこのように責任感を喪失してしまったのか、そしてまた、東電という日本一のエンタープライズがなぜこのように脆弱になってしまったのか、私として本当に情けないと思います。さっき後ろからメモが出たようですが、いままでの放り込んだ水と、それから建屋に残っている水、合わせていくらになったか計算できましたか、東電。

●汚染水の浄化一トンにつき二億円。六万トンで十数兆円

小森参考人　申しわけございません、投入した水の量はちょっとまだ計算できておりませんが、高レベルの廃液量としてはいま六万七千トンぐらいあるということで、これを出さないようにしたいと思います。

村上　このような無責任なことはもういいかげんにしてほしい。では六万トンの水を、仏アレバ社に頼んだかどこに頼んだか知らないけれども、それをクリーンなものにするために、つまり放射性物質を取り除くとすると、一トンにつきコストはいくらかかりますか。

小森参考人　申しわけございません、金額そのものは、まだシステムの詳細のところを作っておりまして、金額についてはここでは私自身分かりません。申しわけございません。

村上　なぜこのようなことを聞いたかというと、これは後で、今後水棺化して冷却系を構築

するといっても、先ほど来参考人の先生方が言われているように、ダーティーな汚水をぐるぐる回すのか、いちいちクリーンにしてやっていくのか、多分ダーティーな水をくるくる回すわけにいかないと思うんですが。そうしたら、ある会社から言わせれば、**一トンにつき二億円かかるというんです。六万トンですよね。十数兆円ですよ。**私は何を言いたいかというと、当事者でいますぐやらなきゃいけないのに、そういうコストパフォーマンスも計算していない。これが当事者の本当に真剣なる姿かということなんですよ。それで、もっと情けない話は、こういう問題が起こっているのに、誰もチェックしない。班目さん、こういう海洋汚染については、日本は、これは今回世界で初めてですが、どこがチェックする責任があるんですか。

班目参考人　海洋汚染に対するチェックでございますか。すみません、申しわけございません。存じません。

村上　これは大きな問題なんですよ。いま、世界は黙って見ているけれども、ある程度落ちついてきて、海洋法違反で全世界から風評被害や損害賠償を請求されたときに、どこが誰の責任で払うかということも考えておかなきゃいけない。とくに、青森から茨城までの漁場は、下手すれば大変なことになる。そういうことに対して本当に、現場の人たち、気仙沼の漁師さんが早く港や船を直して再開したいと言っても、ご存知のように例えば高知のカツオは気仙沼でエサをたらふく食べる。そうしたら、このような影響を受ける漁業はどうなるのでしょう。こういう重要な問題について誰もチェックしていない、誰も関心を持っていない。委員長、決算行政監視委員会はもっとビシビシやらないと、誰もやらないということになります。引き続きよろしくお願いしたいと思います。

新藤委員長　まさにその目的で、この会議を開かせていただいております。

村上　水棺化はいろいろな問題を抱えている。大きな問題は汚染水のジレンマです。一日六百トン入れれば、二日で千二百トン、二〇日で一万二千トンと、どんどん増え続ける。もう一つは、今回の地震です。これはご参考までに申し上げるが、今回の地震は、これまでのものとはちょっと違う。潜り込むプレートの上が崩れつつあると言われています。その部分が崩れつつあるから余震の可能性が多い。加えて**夏から秋にかけ台風や洪水のシーズンになってくる。そんな中で、このような作業方式を半年も九か月も続けている間に、余震や洪水がきたとする。果たして水棺化は安全であるかどうか**ということです。原子炉内の燃料棒ですが、ある記事によると、1号機は原子炉の七〇％の燃料が傷ついている。2号機は三〇％の損傷。佐藤参考人にお伺いします。正直言って、**私は燃料棒のほとんどは、ぐしゃぐしゃになってすでに溶けているると思っています。そして、取り出しは不可能だと思われますが、**いかがでしょうか。

佐藤参考人　ご理解の可能性は非常に高いと思います。ぐしゃぐしゃになって取り出せないのではないかというご意見に対してですが、溶融すると支持板のところが溶けて崩落します。ある解析によれば、**冷却を失ってから二時間ぐらいでこのような状態になってしまう。そして、当然ですが、その下にさらに落ちていきます。このようなものを回収するという作業ですが、私は自信を持って申し上げられますが、これは非常に困難で、被曝管理上も大変危険な作業になり、実行可能性は非常に薄いと思います。**

●はなはだしい政治不在——住民に納得できる説明ができるのか

村上　ありがとうございました。使用済み燃料棒のことをマスコミもほとんど報じていない。実は、１号機から６号機、全部入れますと、何と三四四六本あります。アメリカの情報だと、４号機のプールは、当初、穴があいていて、かなり煙が出ていた。そこには一三三一本あるわけですが、かなりぐしゃぐしゃになっていると言われている。このような燃料棒をどのようにして搬出するのでしょうか。東芝と日立が福島第一原発を四基並行で一〇年かけてスリーマイル島のように廃炉にするという案がある。そんなに時間とコストをかける暇があるのか。もっといい案がないのか。本当はもっとここをじっくりやりたいんですが、時間がないので、そろそろまとめに入ります。汚染水のジレンマ、台風、余震の可能性、それから原子炉内の燃料棒の破壊、使用済み燃料棒の破壊、同時に水棺化のような作業が延々と続くとなるとすれば、福島県民はいつになったら帰ることができるのでしょうか。当事者はもっと真剣に考えるべきじゃないかと私は思います。

大体おわかりいただけたと思いますが、今回なぜこういう問題が起こったかという原因の究明。これは、住田先生や多くのみなさん方が言われているように、初動ミスがすべてであります。この責任の所在をはっきりとさせ、徹底的に追及すべきであるということ。そしてまた、情報の公開について、何か一元化されたようだが、いつも大本営の発表ばかりです。事実を本当に知らされているのかどうか。そして、福島原発の最良の収束法について、いろいろな英知や経験、そして特別な道具や機材などを結集させる体制をもっと強固に組む必要があるんのではないかと思います。この点、まことに申しわけないんですが、素人の細野君や馬淵君ではちょっと心もとない。もっと政府の中で、きちっとした部署で、参考人の先生方のようなきちっとした人を据えなきゃ、私はこれはできないのではないかと思います。最後に、大事なことを言います。今回の事故は、実は将来のエネルギー対策に大変大きな影を落としています。これまで民主党は、二〇三〇年までに電気の供給の五〇%を原子力で賄うと大きくかじを切りました。現在、国会の中で脱原発の勉強会ができているようですが、私は、原発なしではこれからの日本は乗り切れないと考えています。マグネシウム水素のような代替エネルギーが開発されるまでは少なくとも原子力発電に頼らざるを得ない。だからこそ、国民や、さらにまた原発を抱える現地の人たちを説得できる論理をしっかりと持つ必要があるのではないかと思います。将来のエネルギー政策ですが、いまの三〇%の原子力のウェートを今後どういうふうに持っていくのか。経産省、どのように考えているか、ちょっと説明してください。

朝日政府参考人　お答え申し上げます。今後のエネルギー政策のあり方につきましては、いまの地震、津波の状況でありますとか、事故原因についての徹底的な検証を踏まえて、国民各層のご意見を賜りながら検討を進めなければなりません。それに当たりましては、エネルギーの供給安定性、地球温暖化問題との関係、経済性などを併せて勘案いたしまして、中長期的な、さまざまなエネルギー源のベストミックスを追求していくことが必要でございます。そういう観点から、しっかりと議論をさせていただきたいと思っております。

村上　政府委員を廃止してからの弊害なのですが、あなたらの言葉は言霊がこもっていないんですよ。ただぺらぺら用意した文章を読んで、何も答えていない。これだけ原発に対して不信を持たれているんですよ。例えば私の地元には伊方原発があります。伊方の人たちに、「こういうことですから納得してください」という説明ができなければならない。しかし、いまのあなたのような説明で住民が納得できるわけないじゃないですか。

社会と経済について少しお話しします。過疎化と人口減少を含めて、これからの都市計画をどうしていくのか。そしてまた大きな視点から、日本の産業構造をどうしていくのか。今回問題点として浮き彫りにされたのが、トヨタや日産などの自動車産業を中心として、コストを抑えるために、部品の一極集中をやった。それまでは、三か所ぐらいに分散していたのが、例えば東北のある箇所に集中する。いわゆるサプライチェーンと言われるものです。ここが打撃を受け、実は日本どころか、外国の自動車の産業も止まってしまった。そしてまた、そういう問題について無策であると、円高が続いていく。するとますますこれから日本企業が海外に移転する傾向が強まる。そしてまた、部品の提供をしているところがほかの安い外国企業に取って代わられれば、リカバリーするのは難しい。エネルギー政策の面では、日本が世界に唯一、ウラン棒からプルサーマル、そしてまた使用済み燃料の再処理まで、一貫してできるのはわが国だけです。三先生を含め、これまで営々と築いてこられたご苦労が、この事故で一挙に吹き飛んでしまう危険性がある。こういうエネルギー政策、土地計画、日本の産業政策、それから構造改革、これについて本当はもっとやりたいのですが、今日は原発の問題だけで終わってしまった。そこで、委員長にお願いしたいと思います。今後、これから息の長い闘いが続きます。それからもう一つ、こういう問題について、与野党を問わず、特別委員会を設けて、復興の方向をどうするかということをこれから本気で考えることが一番重要じゃないかと思います。

最後に、産経新聞に出ているんですが、「民主党政権になり、政務三役に無断で仕事をやってはいけないという「不文律」ができた。「勝手なことをやりやがって」と叱責されるのを覚悟の上で官僚機構は黙々と対策を練ったが、実行のめどは立たない。政治不在がいかに恐ろしいか。官僚らは思い知った」と産経新聞（四月一〇日付）はまとめております。政治家は互いに猛省し、政治不在こそが東日本大震災のすべてであるということで、今後ともわれわれが一致団結して頑張っていきたいと思います。ご清聴ありがとうございました。

【私自身のまとめ】

質問の大きな柱は、危機管理の問題と水棺化（冠水化）、それに伴う汚染水のジレンマ、これからのエネルギー政策にあった。

危機管理に関し、中国三国時代の知将・諸葛孔明、日本の戦国武将竹中半兵衛と黒田官兵衛の名を挙げたが、彼等は補佐役としては優秀で、ずば抜けた能力を発揮した人物である。菅総理の側近に、それを望むのは酷だが、現地入りは身を挺しても絶対に阻止すべきものであった。噴火している火山の火口を上空から覗きに行くようなものである。一国の首相が、しかもこのタイミングでは絶対に行くべきではない。危機管理のイロハである。先の三名の歴史上の人物なら、必ず阻止したであろう。今後の検証を待ちたいが、**パフォーマンスに振り回された挙句、事故の深刻度を加速させた疑いが濃厚なのである。1号機のベントが二時間半以上も遅れた原因として指摘する専門家も多い。**私の質問の前に、小林興起氏が質問に立ち、首相の現地入りに関して、参考人に聞いている。

●「にべもなく、大迷惑であった」――カーター大統領の現地入り

米スリーマイル島の事故の際、カーター大統領が現地入りした。そのときの現場のスタッフがどのように感じたか、松浦参考人が答えている。

「スリーマイルアイランド原子炉の事故のときに、カーター大統領が現場のコントロールルームに視察に行ったということがございました。そのことについて、**後にNRC（アメリカ合衆国原子力規制委員会）の担当者に大統領が現場へ来たということをどう評価しますかと質問しま**

したら、にべもなく、大迷惑であったというお答えがありました。これはやはり、こういう大きな事故の対応のときには心して対応すべき教訓の一つであったと私はそのときに思ったわけであります」

佐藤、住田両参考人も次のように答えている。

佐藤参考人　「電源喪失から炉心が崩壊するまでの時間、これは非常に限られた時間だったわけですけれども、その中でやらなければならない仕事はたくさんあった。その環境が非常に厳しい状態だった。その辺をどう評価するのかというのは、私は現場の状況を十分把握しておりませんので、お答えするのは難しいところですけれど、ただ、**意思決定のプロセスに必要以上の複雑さが持ち込まれていたように感じられます**」

●時期をお考えになられた陛下の現地ご訪問

住田参考人　「お答えにならないと思うのですが、全然別のこと、年寄りは必ずこういう言い方をするんですが、天皇陛下におかれましては、今日（四月二七日）現地へご視察に行かれたというふうに伺っているのでございますが、実は陛下は、この事故の発生の数日後に原子力関係者をお呼び寄せになって、かなり詳しい報告を受けておられます。これは一部の週刊誌にすでに報じられたことですから公表していいんだと思うんですけれども、でも、天皇陛下がおいでになられたのは今日なんですね。だから、陛下におかれては、やはり自分が表に立って動く場合に、私たちが受けるであろういろいろなインタラクション（相互作用・影響）をお考えになって、やはり時期をお考えになられたということでございます。それが私どもの年代の、陛下と同じような世代の人間の答えでございます」

ちなみに、危機的状況が次から次へと襲い、死の危険を感じながら果敢に対応に追われていた福島第一原発・吉田昌郎前所長は、菅首相の突然の訪問について東電本社に難色を示していたという。

「私が総理の対応をして、どうなるんですか」

迷惑以外の何物でもなかったはずなのである。

事故はまず天災で起き、その後、人災でよりこじれてしまったといっていいだろう。

●高濃度放射能汚染水一二万トン超

汚染水に関しては、この委員会後にますます増えている。東京電力は六月二八日の時点で、1～4号機に溜まった高濃度の放射能汚染水が十二万一〇〇〇トンに上ると発表した。また、放射性物質のテルル129m（半減期二四日。ただし、β崩壊するとヨウ素129ができる。ヨウ素129の半減期は、一六〇〇万年）が1号機の取水口から採取した水一リットル当たり七二〇ベクレル、濃度限度の約二・四倍を検出（六月四日）。海へ新たに流出した疑いがもたれている。

審議の過程でさまざまな課題が浮き彫りになった。決算行政監視委員会は政府に対し提言ができる。新藤委員長は、委員会として決議をし、政府に提言すると述べた。

第二章　成功率は〇・一％以下。対策の切り替えが必要

～第一回原発対策国民会議（四月二〇日）

1　根拠の乏しい「工程表」。対策は見直さなければならない

この会議は、私にとって意義深い記念すべき第一歩となった。

何ら有効な対策を打ち出せない民主党政府に、原発対策を委ねることは困難だとする私の呼びかけに、自民、公明、みんななど、超党派の国会議員四〇名（会議当日時点で五一名）が、即座に応じてくれたのである。彼らと結成した福島第一原発の事故対応を検討する勉強会が、この「原発対策国民会議」である。当日は、超党派の若手、ベテラン議員とその関係者が六〇名以上、、マスコミを含め一〇〇名近い出席者を得た。関心の高さに、私はもちろん、呼びかけに応じてくれた議員の仲間も驚いたほどだ。会議は、私が質問に立った決算行政監視委員会（第一章参照）の七日前に開催された。

事故後一か月を経過した時点であったが、確かな情報が与えられていない環境にありながらも、講師をお願いしたお二人の科学的知見は、現在も有効で、何ら色あせていない。というより、その後、**政府、東電、原子力安全・保安院がまるで後出しじゃんけんのように情報の修正や訂正を行った。だがこれをお読みいただければ、われわれが多くの点で現実を冷静に、しかも先行して正確に把握していたことに、お気づきいただけることと思う。**

この会議では、メルトダウンのメカニズムやその進行過程、原子炉内と外部環境。また、コンクリートの土台とその下の地層などに、どのような影響を及ぼすのかが分かりやすく解説されている。質疑応答のセッションもダイジェストにしてある。以下の文で扱われる数字や当時の政治的社会的背景などは、四月二〇日(二〇一一年)時点のものであり、あえて手を加えなかった。これらの質問はどれも危機感の迫った切実なものであり、緊張感の漲ったものであったことを付け加えておく。

●科学的根拠のない「工程表」

日本の最大の危機である原発事故。この問題が何よりも最優先で、一刻も早く解決しなければならないものである。だが、残念ながら菅内閣がやっているのは政権の延命や大連立のことばかりである。何よりも先にやったのが、蓮舫行政刷新担当相を節電計画等担当相、辻元清美衆院議員を災害ボランティア担当の首相補佐官に任命。この期に及んでパフォーマンスで乗り切ろうとしているのである。喫緊の重要課題は、政府が事故から一か月後にやっと発表した工程表である。

朝日新聞は、「あくまで計画」と大きなサブタイトルを打っていた(四月一八日付)。まさに、

「あくまで」、あるいは「とりあえず」なのだ。内容は、何ら科学的根拠のない、単に希望を書き連ねただけのものである。それでも、冷温停止までに最低でも九か月、次の正月を過ぎてしまうのである。

こんなにも呑気に時間をかけていいものなのだろうか。漁業も農業もこれでは極めて危ない状況に陥る。魚が汚染されれば、いくら港や船を作り直しても、再建が不可能になるだろう。

●アメリカを激怒させた情報秘匿体質

情報の開示も行なわれていない。私の出身愛媛県にも伊方発電所（四国電力）があるが、もっと情報を公開して、国民にきちんとした理解を得られるようにしなければならない。

アメリカが言っているように、日本政府は七〇％以上情報を隠しているのではないかという疑惑もある。正式な日米協議が行われる前、あまりにも東電の説明が不十分なためにアメリカ側が激怒したという。

原発事故ほど、科学的見地からの判断が必要なものはない。データの秘匿、改ざん、出し惜しみは、事態をますます悪化させる。同時に、生半可な科学的知識しかない素人判断ほど危険なものはない。問題は科学者も技術者も問題の解決能力はあるが、どうしても彼等は失敗を恐れてしまう。当然である。学術的、あるいは技術的な見地からならどのような批判も受けるが、政治的な責任を負うことはできないからである。どのような方法で収束させるかは、政治家が選択し、決断して、強力にバックアップするしかない。政治的にきちんと決断できないのであれば、やはりトップを代えるべきなのである。

今日も、ある教授が東電の工程表に関し、目的達成の可能性は一〇%しかないと言っていた。佐藤講師の説明を聞くと、「〇・一%もない」ということがお分かりいただけると思う。私はアメリカ、フランス、ロシアなどが有する、これまでの経験や技術、あらゆる世界的な叡智を結集して、一日も早くこの問題に終止符を打たなければならないと考えている。そうしなければ、この災害は終わらないのである。

日本は財政・外交・国防などで危機的な問題を抱えている。このままでは、震災での危機管理の失敗で、日本は潰れてしまう。今日は、佐藤、柳井両先生のお話を聞いていただき、みなさま方のお知恵を拝借できればと思っている。

2　成功率は〇・一％もない！　対策の切り替えが必要

【佐藤《さとう》　暁《さとし》】

インターナショナルアクセスコーポレーション　上級原子力コンサルタント。一八年（一九八四〜二〇〇二年）にわたり日米両国のＧＥ原子力事業部門に勤務。プラント設計、規格、安全解析、金属・溶接、非破壊検査、フィールドサービス、品質管理、放射線管理等の各分野における実務経験豊富。山形大学物理学科卒。

原子炉のタイプには大きく分けて二つの種類がある。東日本では主に「沸騰水型」、西日本では主に「加圧水型」が使われている。原子炉が熱を発生させる原理はどちらも同じだが、福島第一原発では、「沸騰水型」。まず、その概略から説明していただこう。

●原子炉は、普通のスイッチの「オン」「オフ」の感覚とは違う

「沸騰水型原子炉」（ＢＷＲ）の発電プラントは、「五重の壁」で守られているということがし

ばしば言われます。まずその概要を説明します。（図2―1　原子力発電所の5つの壁」）

原子燃料が入っている炉心には、①②の壁があります。それを取り囲む原子炉圧力容器が③の壁に当たります。そして、格納容器が④、原子炉建屋が⑤の壁です。
②は、直径が1㎝あまりの細いチューブで、この中に充填されている二酸化ウランの焼結ペレットが①の障壁となっています。ペレットは、溶かして固めたのではなく、パウダーを焼き固めたもの。そこに、隙間があり、放射性物質を含めることができます。
スイッチには「オン」と「オフ」があります。私たちの日常生活では、部屋のスイッチをオフにすると、ライトは消え、部屋は暗くなります。オンの状態にある扇風機のスイッチをオフにすると、扇風機のモーターが止まり、廻っていた羽根が止まります。

ところが原子炉の場合、このようなオン、オフの現象とはまるで異なります。原子炉の運転を停止しても、止まらない。しかも、膨大な「残留熱」を放出し続けるのです。部屋のライトは、スイッチをオフにすれば部屋の明かりが消え、暗くなります。**原子炉の場合は、運転中の発電機が停止しても、燃料はほんのりと明るさを保ち続けるライトにたとえることができます。この明るさに相当するものを残留熱といいます。一〇〇%で運転している原子炉は、停止直後数パーセントの残留熱を出し続けます。数パーセントといっても、膨大なものです。**しかし、時間の経過に伴ってゆっくりと残留熱は減少していきます。ただしこのような発熱がなくなるま

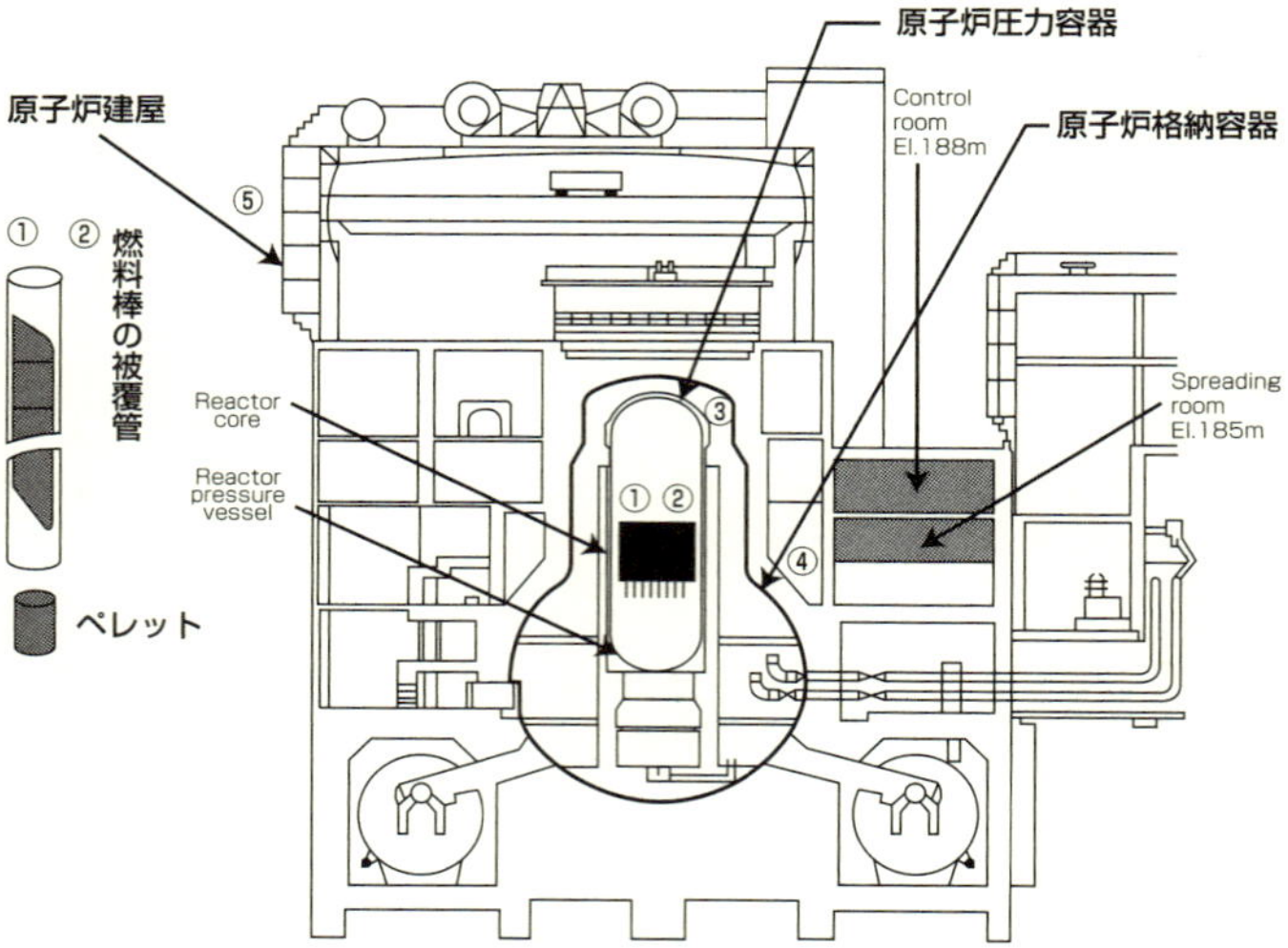

図2－1　原子力発電所の５つの壁

原子力発電所の５つの壁

原子炉内でウランの核分裂が起きると放射性物質が生まれる。これを、発電所の外に影響を与えないようにするため、「５つの壁」で閉じ込めている。

■第１の壁〜ペレット

ペレットは、ウランを陶器のように焼き固めたもの。溶かして固めたのではなく、パウダーにして焼き固めたもの。その隙間に、放射性物質を閉じ込めることができる。

■第２の壁〜燃料被覆管

ペレットを丈夫な金属製（ジルコニウム合金）の燃料被覆管で密封する。

■第３の壁〜原子炉圧力容器

燃料を冷却水を満たした鋼鉄製の圧力容器の中に充填。

■第４の壁〜原子炉格納容器

原子炉圧力容器や重要な機器を鋼鉄製の巨大なフラスコ形容器の中に格納。

■第５の壁〜原子炉建屋

原子炉及び関連系統の機器を厚い鉄筋コンクリート製の外壁で覆う。

＊ただし、第５の壁（原子炉建屋）は、非常用ガス処理系が作動しない場合には無効になる。電源喪失時は、この場合に当たる。充満した水素ガスの爆発に耐える強度までは持ち合わせていない。

では途方もない時間がかかります。
原子炉事故において問題なのが、この残留熱です。

●露出した燃料棒は五分以内に水に沈める――炉心を救うサクセスパス

今回は、電源が喪失することによって起こった事故です。それを説明する前に、「設計事故」というものについて簡単に触れておきます。

「設計事故」は、原子炉につながっている配管の一番太い配管がギロチン状に破断して、しかもその破断口が互い違いになるという、ほとんどあり得ないような状況を想定したものです。これを設計の条件として考慮しています。

この場合どうなるか。まず、漏れた蒸気で格納容器内の圧力が高くなるのを信号にして緊急停止します。運転中は格納容器内でぶくぶくと沸騰していますが、信号を受けるとただちに制御棒が挿入されて停止します。そうすると、**沸騰していたあぶくが潰れて、その分、水位が下がります。加えて破断された配管から水が漏れ出すことによって、燃料の頭が三分の一くらい出てしまいます。頭が出た部分が空焚きの状態になります。これは設計として考慮されていま**

すが、この場合五分間で水位をリカバリーすることが必要になります。水で、燃料棒の頭を再び水の中に潜らせてやるのです。これを五分以内で行わせるというのが、原子炉の炉心を救うサクセスパスになっています。

もし露出が五分より長い場合はどうなるか。つまりしばらく時間がたって水が注入された場合ですが、すでにオーバーヒートしたところに水をかけるわけですから、被覆管が膨らんで裂ける場合もあるし、燃料棒がガラスか陶器のようにもろく破断してしまう場合もあります。いずれにしても中に

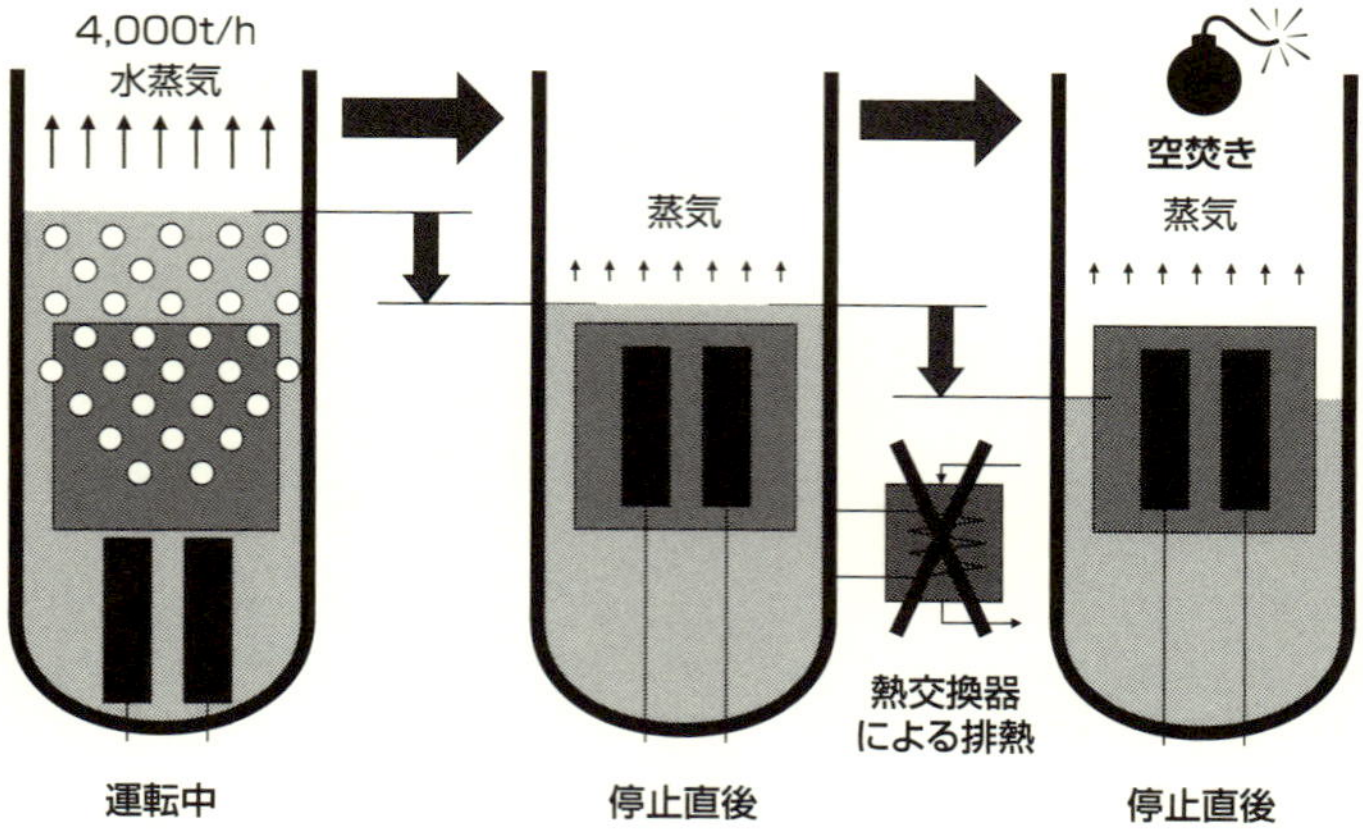

図2－2　電源喪失の空焚きの概念図

制御棒が入れられ停止すると、沸騰していた分、水位が下がる。加えて水が漏れたり、さらに蒸発すると燃料の３分の１が水面上に出て「空焚き」の状態になる。この場合、５分以内に新たな水を注水し冷却しなければ炉心を救うことができない。10分以上も経過してからでは、炉心を救うことができない。

入っているペレットは熱衝撃で、砕ける現象が起こります。時間がかなり重要なポイントになります。

はっきりしているのは、一〇分以上も経過してからでは、救うことができないということです。時間が経ち過ぎてからの水の注入では救うことができません。（図２―２電源喪失の空焚きの概念図）

●基本設計は変わっていない。七〇年代、八〇年代の知見はいまも有効

今回起こった事象は、設計事故ではなく電源喪失の事象です。この場合は配管の破断はしていません。ですから、停止後は原子炉圧力容器内の水位は燃料棒よりも上にあります。ところが熱を放出し続けます。先ほどお話した残留熱です。正常な状態であればこの熱をポンプで熱交換器を通して排熱することができます。しかし、電源喪失のためそのポンプが起動できません。排熱機能が失われてしまったのです。このため継続した排熱が不可能になり、空焚きの状態に陥ってしまうのです。

時間が経ち過ぎてからだと手遅れです。たとえ冷却材（水）を入れることができたとしても、設計事故の場合と同じ結果になります。さらに時間が経てば、炉心の溶融も起こります。これ

が起こるとどうなるのでしょうか。

直径が一センチメートルあまりのジルコニウム合金の燃料棒、この中にペレットが入っています。**空焚きの状態になると、ジルコニウム合金の管を下からもうもうとあがる水蒸気がかすめていく。高温で熱せられたジルコニウムは、マグネシュウムなどの金属と同じように、水蒸気と反応し、ものすごく高い化学反応熱を出しながら水素を発生させます。燃料被覆管が高温の状態になり、文字どおり燃料として振舞い始めます。**合金の被覆管が、まるで油になったかのように燃えて非常に温度の高い発熱を起こしてしまうのです。

残留熱+化学反応熱。これに伴って出てくるのが、水素ガスです。

ここに冷たい水をかけると燃料棒は破損します。オーバーヒートしているものに、急に水をかけるのと同じだからです。すると中に閉じ込められている核分裂生成物が、一気に外へ出ていきます。この場合、出やすいもの、出にくいものがあります。出やすいものの典型としてはガス性のものがあります。

クリプトン（Kr）、クセノン（Xe）、ヨウ素（I）、加えて、融点の低いセシウム（Cs）こういうものが放出されます。高温に熱せられ被覆管が壊れると、この前後で水素ガスが発生、加えて放射性のガス、これらがみんないっしょになって外へ出ていくのです。電源が落ちてからの時間経過についてある解析結果を基にみてみましょう。何分経てばどうなるのか。

八七・四分にはぐじゃぐじゃに燃料が崩れ落ち出していきます。一〇〇分後には水位の低下に伴って燃料が溶け出し、下へ下へと落下していきます。一一六・七分後には、燃料を支えている支持板を破壊して下へ落ちていきます。空焚きの状態になってしまってから三時間、四時間経過したとすれば、水を入れても、もう原子炉を救うことはできません。

これは一九七〇年代からの知見です。では、燃料棒の設計がその後改善されているかといえば基本的な設計は変わっていないのです。つまり、七〇年代、八〇年代の知見はいまでも有効で、今回の現象は救いようがないということが分かります。

●レベル4ではあり得ない——事故の翌日から分かっていた

1、2、3号機のそれぞれの原子炉に内包されている放射容量についてお話しましょう。報道でもテラベクレルという単位がよく使われるようになりました（テラベクレルは、一兆ベクレル）。たとえばヨウ素の131は、1号機の場合は一三〇万テラベクレル。これが原子炉の中にあります。

原子力発電所の事故の規模を表わすのに「レベル」が使われます。どれだけの放出があったのかに対応して、レベル1～レベル7になります。

今回の事故は、最初レベル4と発表されました。レベル4は、ヨウ素放出規模が五〇〜五〇〇テラベクレルをいいます。ところが、福島原発の原子炉に入っているのは一三〇万テラベクレルです。通常、先ほどのようなメカニズムで炉心が壊れると、出やすい性質を持ったガスがまず放出されます。通常は二五%くらいのヨウ素が出てしまいます。一三〇万テラベクレルの二五%は、一〇万単位のテラベクレルとなります。レベル4とは、ケタが違っているのが分かります。

つまり、新しい解析などを加えなくとも、七〇、八〇年代の知見に戻るだけで、この規模がどのくらいのレベルになるのかは、スタートした時点で分かるのです。私は知人などからよく、「どのくらいの事故なのだ」と問われましたが、これは必ずレベル6以上であると三月一三日くらいから個人的には言い続けていました。最近の数字は数一〇万ベクレルという単位で出されていますが、それとマッチしています。

●放射能は同心円ではなく、風の方向、地形、気温の分布によって拡散する

原子炉建屋から放出された放射性ガスが、どのように振舞うか。

目には見えませんが雲のように振舞います。風まかせで、風下のほうに向かって流れて行き

ます。同心円状、三六〇度すべての方向にあまねく拡散するというものではありません。避難をするときには風向きを把握して指示を出すのが常識です。

原子力事故というとスリーマイル、チェルノブイリ事故が例に出されますが、放出された放射能の規模からして、今回は、スリーマイル事故の規模とはまったく異なります。**スリーマイル並みとの報道が最初の頃ありましたが、それはあり得ない話です。五・〇六テラベクレルとも報道されましたが、まるでケタが違っていました。**

チェルノブイリの汚染はどのように広がったのでしょうか。数百キロメートル離れたところにも、相当レベルの高い汚染のスポットが、ぽつぽつと現われています。同心円ではまったくないことが分かります。

風の方向、地形、気温の分布などからホットスポットの位置は決まります。今回の場合も同じです。放射線のレベルについて言えば、発電所から放出された放射能が、それぞれの地域の地面を汚染させ、**汚染されたその地面から放射線が照り返すことによって放射線のレベルは決まるのです。発電所からの距離ではなく、その土地の放射線のレベルは、そのまま汚染のレベルと考えてもらっていい**のです。

●防護服を着て作業をするようなレベルの場所で子供が手をつないで歩いている

私は、三月二九日と四月三日に放射能汚染のレベルを測定計算しました。揮発性の放射性物質は、ベントと水素爆発などでほとんど出尽くしていると考えています。二〇キロメートルが警戒区域、二〇～三〇キロメートル圏内が緊急避難準備区域など、避難の目安になっていますが、圏外でも高レベルの汚染は広がっています。たとえば福島市（人口六〇万人）、郡山市（七〇万人）など、五〇キロメートルより離れた地点にあります。しかし、郡山では一平方センチメートルの面積あたり四五ベクレル（以下単位同）、飯舘で一三〇、浪江でも高い数字が出ています。当然、東京にも汚染は広がっています。私の使っている測定器の直読値は普通のバックグラウンドでは毎分四〇カウント程度です。しかし、木のベンチなどではこれの一〇倍以上ありま す。周辺だけの問題ではないのです。

原子力発電所では放射能汚染のレベルに応じて作業員に対しさまざまな管理をしています。体が汚染されないように、あるいは汚染されているものに触れたり汚染を取り込まないように対策を講じています。防護服もA、B、C……というようにいくつかの種類に分けています。汚染レベルが高くなるほど、いろいろなものを重ねて着込み重装備で作業を行ないます。**防護服のCは発電所の中でもめったにないような汚染区域で着用します。これの目安となる数値が**

四〇ベクレルです。みなさん、もうお気づきでしょうか。郡山が四五、福島四九、飯舘一三〇。普通に子供が手をつないで歩いているようなところ、滑り台で滑って遊んでいるようなところが、発電所の中ではCの防護服で活動しなければならないようなレベルまで達しているということなのです。これが原子力発電所から出た放射能のインパクトです。

●並行して起こっていた使用済み燃料プールの損傷

これまでは原子炉を中心にお話してきましたが、燃料プールのほうにも問題が発生しています。三月一六日に、海側から写した写真がありますが、1～4号機の壁が無残な状態になっています。3号機からは蒸気が上がっています。3号機には、古い燃料（使用済み燃料棒）がプールに入っています。古いものですから、それほどの残留熱はなかったはずですが、蒸気が上がっています。私見ですが、**私は地震によってプールが損傷したのではないかと考えています。損傷したことにより、水位が下がったのではないか、それで、少ない残留熱でも温度が上昇し、蒸気が出たのではないかと推測しています。**

3、4号機は並んでいます。3号機のプールが損傷するのであれば、4号機も同じようなことが起こってもいいはずです。水素爆発が起こりましたが、水位が下がってその熱で発生した水素が、上を爆発させたと考えられます。ただ、爆発だけで全部が吹き飛ぶのかという疑問はあります。冷やされない燃料が熱によって建屋を劣化させて、進行したのだろうと考えています。タイムテーブルを振り返ってみましょう。

三月一一日の午後三時四一分に電源喪失。津波で非常用発電機が作動しなくなりました。1号機の場合はIC系（非常用復水器系）というシステムが、一応冷却をつないでくれましたが（二時五二分自動起動）、**三月一二日の四時に停止。ここから空焚きのモードに入ります。あとはいつ水素爆発が起こるかの問題です。関係者はハラハラしていたことでしょう。**（注　後にこのIC系は作動後間もなくして、1号機の運転員によって止められていたことが判明。原子炉の圧力低下の速度が速すぎ保安規定の〝一時間当たり五五℃未満〟を守れないための処置だったようだ。しかし、この事実は吉田所長には伝わっていなかった。この連絡ミスは、吉田所長の事故対応に大きな負の影響を与えることになる。そして、一一日午後六時ごろから燃料の露出が始まった）

案の定、それから約一〇時間で爆発が起こりました。あとは、2、3号機でもいつ起こっても不思議ではない。システムが異なるので冷却をどの程度まで伸ばすことができるかという違いはあるものの、いずれにしても電源は失われたままではこの運命は避けられません。そして、次々と爆発が起こりました。これが実際に観察された事象です。並行して、燃料プールの損傷が起こっていたのです。（注　後にこの推測は当たっていないことが判明したが、当時の国内外の専門家の多くがこの可能性を恐れ米国の原子力規制委員会は、半径五〇マイル（八〇キロメートル）圏内の在日米人に対して避難を呼び掛けている）

●海洋へ放出された汚染水は高濃度

事故後の影響についてお話しましょう。ご承知のように冷温停止を目指すということでどんどん水を注入し続けました。壊れた、破砕されたペレットが下の原子炉圧力容器の底へ溜まっていきます。圧力容器そのものは一四～一五センチメートルの厚みのある鋼鉄の容器だから大丈夫と勘違いされることが多いようです。実はそうではありません。容器には二〇〇本弱の貫通部があります。細い配管を貫通させるためです。そこは肉薄になっています。鋼鉄の容器で、すべてが同じ厚さでしっかりと囲っているわけではないのです。

冷却するために注入した水も、漏れ出します。漏れがどんどん外に出て行って結局海へ流れていきました。

海洋へ放出された汚染水は、濃度がものすごく高いものでした。一立方センチメートル当たり何千ベクレルという高い濃度で、しかも大量に放出されました。計算しただけでも何千テラベクレル、何万テラベクレルという数字になります。それが日本の近海を汚染させているわけ

です。海流に乗ってアメリカやメキシコのほうに流れる懸念もあります。

●溶けた燃料にアクセスすることはほとんど不可能

現在進行している復旧の中身について触れてみましょう。冷温停止に向けて作業が続けられています。原子炉圧力容器、格納容器、圧力抑制室。2号機は圧力容器自体が破損しています。だから水を入れてもザルのように抜け、地下室の水が上までできている状態になっています。報道では、1号機に二万トン、2号機に二万トンというような水量がかけられていますが、このようなことが続いていますから地下室から一階のフロアまで全部水に浸かっているとイメージしていいでしょう。

破砕した燃料は、二時間もたてば下にある障壁を次々にぶち破って下に落ちて行きます。これをどうしたらいいのでしょうか。

冷温停止をずっと続けた場合、下に溜まった溶けたもの（燃料）をどうするのかが問題になります。この燃料にアクセスするためには、上にある（蒸気乾燥器、湿分分離器など）これらを取り出さなければなりません。燃料集合体は1号機で四〇〇体、一体には数一〇本、あるいは一〇〇本近い燃料棒があります。

例えば、そのうちの一本の燃料棒にピンホールの穴があいただけでも、これらの機器を吊り上げるのは大変です。放射線のレベルが極めて高い数値を示すからです。作業員の安全性を確保できるほどの線量に低下しないと作業はできない。しかも、燃料を運び出すための設備なども爆発などで損傷し、通常の手段では不可能です。ボロボロになっている燃料をどのように搬出するのでしょうか。これはたぶん無理でしょう。少なくとも通常の方法で扱うことは絶対にできません。蒸気発生器の下にある湿分分離器は、その下にあるシュラウドに対してボルトで取付けられています。ラッチで固定された数十本のボルトは、遠隔操作用の専用ツールを使って、人の手ではずさなければなりません。ロボットなどでは無理なのです。

●工程表の達成の確率は〇・一%以下

一〇〇歩ゆずって冷温停止はいいとしましょう。だが、次のフェイズ（局面）に入ったときには、原子炉圧力容器の上ふたを外したり、湿分分離器を取り出すためボルトをはずしたりしなければならない。しかも、ボロボロになっている燃料棒をどうやって外に出すのか。これからのチャレンジになります。このような問題がたくさん待ち構えていることでしょう。というより、これからはますます難しい問題が迫ってくる。冷温停止は時間の問題で、ある意味簡単なこととといえます。しかし、そこから始まる中期の復旧プランについて、果たしてどこまでいけるのか。これには大いに疑問が残ります。

私はゴールまではたどり着かないと思っています。ここにはヘヴィーな砕けたペレットがある。それにアクセスするのに、どのような方法を採用しようというのでしょうか。**私はどこかで必ず躓くと考えています。先ほど成功率を一〇%とおっしゃっていましたが、それは前半のステップの一〇%であって、フェイズが進んでその先で待ち受けている困難な仕事のことを考えれば、最終ゴールの達成確率は、〇・一%もないと思っています。**

達成の見込みの小さいゴールを掲げて、行けるところまで行くというアプローチでは通用しません。最短でもっと確実にゴールに辿り着くためのオプションを考えなければなりません。**最終的には石棺化（イントゥームメント）、それしかないと思っています。複雑な工程も入ってきますが、水を入れて冷やし続けるというのは解決としては限界にきている**のではないでしょうか。見直さなければならない時点に達しています。なるべく早い時期に、対策の切り替えが必要です。早く切り替えをしてほしい、そう私は考えています。

3　メルトダウンと地層との関係——地下水に潜り込む危険性

【柳井《やない》　修一《しゅういち》】

㈱ジオ・コミュニケーションズ代表取締役社長。東京大学大学院理学系研究科地質専門課程博士課程修了。社団法人国土政策研究会上席研究員企画室長、特定非営利活動法人リアルタイム地震情報利用協議会理事などを歴任。ホスピタリティ・マネジメント学会理事。東京都市大学教授。

最悪の場合、溶けた燃料は圧力容器の底をぶち抜いて下に落ちる。その場合はどうなるのだろうか。地下水や海洋汚染、環境に与える影響は計り知れない。地質学的な見地からのお話を伺うことにしよう。

●地層に潜り込んだ場合のシミュレーション

難しい話ではありません。しかし、このあと一〇〇年、二〇〇年に渡って引き継がなければならない問題です。その意味で怖い話になるかもしれません。

公表されている地質断面をもとにお話します。深度は一〇〇〇メートルにわたって東電はボーリングにより確認しています。結論を言うと、「幸いな地盤、地質」だと思います。上のほうは非常に柔らかい地層です。とくに上部は、人差し指で押せば入り込むくらい柔らかい。なぜ、こんなところに作ったのかといわれますが、このことは幸いな結果をもたらします。

その下は、白亜紀双葉層群（白亜紀後期＝八〇〇〇万年前の海に堆積地層。この地層からはアンモナイト、ベレムナイト、サメの歯などの当時の海洋生物の化石が見つかるほか、近くにあったと思われる陸の植物化石や琥珀も見つかっている）の地層があります。さらに一三〇〇メートルくらい下に白亜紀の花崗岩があります。白亜紀は一億年前くらいの地層。恐竜の時代。とてもあたたかくCO_2がとても高かった時代です。

佐藤先生のお話によると、炉心本体はもしかしたら、炉の底盤、そこにドレーンがあるが、それが弱くなっているので、ここをぶち抜いて下に落下する。私は、そこからさらに下にいっている可能性が高いと考えています。一部炉心は残っている。これを冷やすということを現在行なっています。ところが大部分は砕け散ってメルト、いわゆる液体相なのか、あるいはガサガサのものなのかは分からないけれど、いずれにしてもそれに近いような状態で下に溜まっていると考えられます。温度としては一〇〇〇℃以上になっているでしょう。

●燃料が溶けた塊・プルームは、下へ下へと落ちていく

原子力発電所そのものの下は、コンクリート基礎になっています。これがだいたい一〇メートルの厚さがあります。ところが、一〇〇〇℃以上のものをこのコンクリートの上に乗せるとどういうことが起きるか。セメントの融点は六〇〇℃くらい。乗った瞬間に水飴のような状態になります。ただ、骨材が入っています。骨材とは、コンクリートに混ぜる砂・砂利・砕砂・砕石の材料のことをいいます。岩石の融点はもう少し高い。だから全体で見るともう少し融点は高くなります。しかし、水飴のような状態になることに変りはありません。その結果、溶け出した炉心本体は下へ下へと落ちて行きます。この塊（かたまり）をプルームといいます。

これは周辺より密度と比重が大きいから下へと落ちていく。密度の違うところで一端停止をして、また落ちていく。最終的には白亜紀の花崗岩の上までいって、さらにまた下へ落ちる。花崗岩は通常の気圧だと融点は七〇〇℃くらい。そこからまた下へと落ちていく。結果的にどうなるかというと、時間はいま計算中ですが、延々と下へ下へと移動し、最終的にはマントルに達します。

これは佐藤先生もおっしゃっているように、結果的にはハッピーなのです。なぜかというと、ある種の高レベル廃棄物の地下処分と同じことになるからです。

●プルーム（溶けた燃料の塊）が〝おみやげ〟（放射線物質）を残していく

ただ、問題があります。すんなり落ちてくれればいいのですが、その落ちていく過程で〝おみやげ〟を残してしまう。〝おみやげ〟とは、この場合、軽い放射性物質のことを言います。**福島原発の地質の柔らかな部分は、緩やかに海側に傾斜しています。当然、地層の境界あたりには地下水が流れています。つまり山側から海に向かってじんわりと地下水に混じって流れていくことが考えられるのです。**

つまり、プルームがこの地下水の流れに対し、上から達するであろうというのがわれわれのシミュレーションなのです。

もしマントルまで達すると水蒸気爆発を起こすのではないかという誤った見解を持つ学者がいます。これはナンセンスです。水蒸気爆発の典型的な例は日本では磐梯山です。ホットな軽いプルームが上昇し、マグマ溜まりとなり、この上にキャップをされた場合、水蒸気の抜け道がなくなって、爆発を起こす（地上開放型）。これが水蒸気爆発です。

今回のケースはまるで逆です。融けた燃料は、ホットではあるが重い。ヘヴィーな熱を持ったプルームが、閉空間に向かって沈降していくのです。つまり、水蒸気爆発はありません。あるとしても水蒸気が少し出る程度だと考えられます。しかし、それ以前に、プルームは、途中にある地下水層を突破して、降下していくというのがわれわれの見通しです。

ここで問題なのが、途中で残していった〝おみやげ〟をどうするかなのです。

●日本のすぐれたダム技術を応用する～地下に施すカーテンウオール

一つのアイデアを提案します。

日本は水と緑の国です。日本のこれまでの国土建設の技術を使ったらどうかということです。重力ダムの底にカーテングラウトという仕組みがあります。ボーリングで穴をあけ、そこに圧をかけてセメントミルクを注入する。岩盤の割れ目の中にセメントミルクが入っていく。すぐに固まりやすいミルクを入れるので、しっかりとしたコンクリートのカーテンになります。カーテンウオール。これが壁のように立ちはだかり、溜まった水が圧力によって、下から逃げることを防いでいる。同じことをここでもやれないかということです。

佐藤先生がおっしゃるように、建屋、本体については一括石棺。これは一〇〇年オーダーでメンテナンスをしなければなりません。しかし、現在の危機的状況を鑑みると有力なチョイスです。いまでもチェルノブイリでは微量ですが、放射線が出ています。冷やしながら、温度を絶えず計測する。計測システムをあらかじめ全部中に入れておくのです。

一方、地下については、まず最初に海側を遮断してしまいます。われわれの計算では二〇〇～三〇〇メートルの地層までカーテンウオールを施す。何重かに渡ってコンクリートのカーテンで閉じる。漏れたり、抜けたりするのをとりあえず防ぎます。地下水も逃げ場を失うと抜け道を探します。そこも防ぐ。同じくカーテンウオールのシステムを使います。最後にすべてを締め切る。締め切ったあとに、セメントミルクを注入する。完全に地下をセメントで石棺化してしまう。上はコンクリートで石棺にしてしまう。地下もそのようにする。すべてをコンクリートで固めてしまうのです。これが私たちの考えです。

●水棺モデルは、危険な選択――日本の風土に合った対応があっていい

最近よくいわれているモデルが水棺ですが、これは大変に危険な選択であると言わざるを得ません。石棺の仕組みですら一〇〇年オーダーでメンテナンスをしなければならないのに、水棺モデルだとどうでしょう。今後、ある理由で地震は増えていきます。その活動期の論理とメカニズムについては別の機会に譲りますが、**多発する地震に耐えられるのだろうか。台風、大雨、竜巻、大風、風水害に耐えられるだろうか。これは慎重に考える必要があります。アメリカの提案モデルと言われていますが、アメリカの場合、西海岸では地震は多いが、東海岸では**

非常に少ない。大陸と日本（弓なりの島、海に囲まれた島）では、条件が異なります。日本らしい対応があるのではないかと考えます。

●日本の地質の三つの特徴と今回の地震と津波のメカニズム

今回の地震と津波に関しては、まだすべてのデータが整ってはいません。そこで、現在考えられることを述べてみます。日本の地質の特徴を三つ申し上げます。

一つは、三陸海岸などに代表されるリアス式海岸。これは沈水海岸。沈降することによって谷の部分に海が入り込んだものです。同じようにして仙台平野があります。ここにはもともと沼があった。東北日本の太平洋側というのはずっと長い時間に渡って、沈降している地域なのです。

二つ目は、一方で、西日本、西南日本は隆起をしていることです。四国・室戸半島には海岸段丘（二〇メートルくらいの規模）がある。足摺岬には三〇メートルくらいの海岸段丘があります。紀伊半島、三浦半島、房総半島。これらはみな隆起によって形成されたものです。

三つ目は、活断層についてです。東北地方には、双葉断層という活断層があります。この延長が今回動いたのではないかと考えられています。**地球物理の最先端のデータによると、最近**

起きている余震はプレートの境界ではなく、境界の上位で動いている。このことをどう解釈するのか。国土地理院のいちばん新しいデータによると、六メートルくらい地面が東に移動して、高度は一メートルほど沈降しています。これらを総合的に考えると、陸側に新たに沈み込む帯が発生（構造侵食）した可能性があるということです。その結果、海面が低下し、そのリバウンドで超大型津波が発生したと考えられます。

津波との関連でいえば、沈降すれば、もともと高かったところが低くなるわけで、海面が下がる、そのリバウンドで大きな波が発生し、甚大な被害を受けることになります。このような意味で、今後とも地震の発生には十分な留意が必要になります。

4　質疑応答

事故後一か月を経過した時点であったが、復旧・復興の見通しは立たないまま混乱が続いていた。原発事故に関しても放射能汚染など、未経験の問題が現実に立ちはだかり、恐怖を伴って福島を中心に拡大していた。情況は楽観を許さないものだったのである。質問はどれも切実で真剣なものばかりであった。数多くの質問が出されたが、誌面の都合上ポイントを絞り、その代表的なものをダイジェストでご紹介したい。

〈質問１〉風評被害もある。一日も早く放射性物質の放出を食い止めて欲しい。早く「冷温停止」ができないのか。

佐藤　放射性物質を空気中でサンプリングしたデータをみると、最近はほとんど出ていません。**大規模な水素爆発が起こったときに、ほとんど出尽くしていると考えられます。三月の一二日から一五日ころに放出されたと推定されます。**

周辺地域の放射線環境は、空気中に漂う放射性物質が問題なのではありません。地上に落ち、汚染された地面からの「照り返し」のようなものとしてお考えください。ですから、今後もうしばらくはヨウ素131の半減期（約八日）にしたがって減衰していきます。しかし、セシウム137の半減期は約三〇年です。より長期に渡ることを覚悟しなければなりません。**例え原子炉が「冷温停止」したとしても、周辺地域の放射線環境が短期間で改善することはありません。**

〈質問２〉ベントの意義について教えてください。そして、圧力容器の爆発はあり得ますか。

佐藤　本来格納容器のベントは、格納容器の圧力が非常に大きくなった状態を回避させるためのもので、水素爆発に対する対策ではありません。ベントを待てば、その間に半減期の短い核種を減衰させることができます。しかし、その分、加圧の状態が過酷になり、格納容器の機密保持能力が低下します。そして、最悪の場合、格納容器を破損させます。

圧力容器の爆発ですが、まずあり得ません。圧力容器は圧力に対して、普通の運転ではだいたい七〇気圧。工場で耐圧テストをする場合は、一・五倍まで圧力を上げて問題がないかを確認しています。また、圧力容器に使われている素材は、爆発して粉々になって飛び散るものではありません。どちらかというと伸びるような材質。ガラスや陶器のように爆発して粉々になるものではありません。いまの圧力の状態ではそのような状態になるにはほど遠いものだと思います。

〈質問3〉仏アルバ社による水の循環、浄化システムには問題がないのでしょうか。

佐藤　漏出する汚染水を一〇〇％回収できるならば意味があります。しかし、現実には循環系の外に漏れる水が多く、注水を続ければ続けるほど、汚染の拡大が進行します。原発事故の三原則である、「停める、冷やす、閉じ込める」の、「冷やす」と「閉じ込める」が両立していないのです。

〈質問4〉発電施設内にはIAEA（国際原子力機関）の監視カメラが付いています。規制はどのようになっているのでしょうか。

佐藤　IAEAは原子力の平和利用を促進する国際機関です。よく「核の番人」と言われますがIAEAの監視カメラは、核燃料が盗まれるのを防止するためのセキュリティのためにあるもので、原子炉の安全運転のためにあるものではありません。

〈質問5〉メルトダウンを起こしているのだから、じゃんじゃん水を入れても意味がない。汚染水も増え、さらに漏れた汚染水が、地下にいくこともある。早くコンクリートで固めたほうがいいということですか。

柳井　そのとおりです。問題なのはその温度。これが低いのか、あるいは二〇〇〇度くらいなのか。これによってかなり初動が変わります。

〈質問6〉いま、石棺化しても大丈夫なのか？

佐藤　大丈夫です。もちろん熱処理はしなければなりません。ガスは湿気で粘土にしてもセメントにしても水分は含む。その水分が放射線で分解することももちろんあります。そういうものに対する手当は必要ですが、それほど難しいことではありません。

村上　水で冷やさなければならないというのは、固定観念でしかない。われわれは固定観念に誘導されている。冷やしてから燃料棒を引き抜くというが、それはもう壊れているのです。それをいちいち検証してやっていたら、一年も二年も、いや何十年もかかり、どうにもならなくなる。私は、「石棺」という言葉がどうしても後ろ向きのイメージがあり、ふさわしくないのではと考えている。積極的な対策の一つであることからして、私は「冷温密封」と呼ぶことにしました。

柳井　**計測点を増やすこと、地下水の検査を早急にやるべきです。**関東域の大規模調査が必要になるかもしれません。今度は行政がやる。だが、そんな悠長なことといってられないということであればいくつかの案を出します。考えられる案を知恵を絞っていかなければなりません。放射性物質の大気への放出はもう終わっている。土壌に降ってしまった。汚染水がどんどん拡がる危険性がある。**農業というのは地下水でやっています。**

〈質問7〉ポーランドではヨードを飲ませて成功したといいます。日本でもすぐに子供にも飲ませるべきか？

佐藤　いまからでは遅いと思います。ヨードを摂取させるにも効き目のタイミングというのがあります。放射能が来る前に飲ませる。あるいは、直後に飲ませる。ヨウ素131の半減期は約八日。すでに昨日（四月一九日）で半減期を過ぎています。これだけ時間が経ってしまったら、いまさら使ってもというのが実情です。

〈質問8〉子供にも放射線測定器を持たせるべきでしょうか。

佐藤　まったく賛成です。たとえば学校に行くときに、汚染や放射線のレベルを測定する機器が一台あればそれで、鉄棒やブランコ、滑り台、ベンチなどはもちろん、グランドの土などのチェックができます。空気中に放射線がただよっているのは微々たるものです。除染も、みんなでやれば一週間もすればたちまちキレイになります。（除染の方法については第四章参照）

〈質問9〉 汚染水を排出するにも安全委員会は知見を持ち合わせていないように見受けられました。レベル7の話も三月二三日。私は原子力安全委員会の姿が今回ほとんど見えていないのが不思議でなりません。一〇〇人のスタッフがいるわけですが、保安院と、原子力安全委員会が共同記者会見をしたのは四月一二日が初めてです。事故直後にも、安全委員会の委員が入っていなかった。ダブルチェック体制というのは、ぜんぜん今回機能していない。いまのような状態であれば原子力安全委員会を分離独立させて、安全委員会として一つにしたほうがいい。

村上 原子力安全委員会（内閣府）、原子力安全・保安院（経済産業省）。本来主役になるべきなのは保安院だった。ところが保安院は東電の大本営発表を繰り返すばかり。また、枝野官房長官もその大本営発表を繰り返すばかり。本来の機能を果たさなかったばかりに、ダブルチェックどころか、何も機能していないというのが現実です。本来原子力を推進する側とチェックする側が同じ系列の組織に入っていること自体が問題で、アメリカと大きく違うところです。しかも素人が多い。保安院の西山君は、貿易担当の審議官。地震発生直後の安全委員会の委員の派遣ですが、事務職員が一人だったという。国の防災基本計画では、原子力災害の発生時には、内閣府にある原子力安全委員会の「緊急事態応急対策調査委員」ら専門家を現地に派遣すると定めている。

（この件については、後日班目委員長が、専門家二人を派遣したのが、四月一七日で、「大変遅くなってしまった」「本当に失敗だったと反省しております」（二七日　衆院決算行政監視委員会）と派遣の遅れに対して謝罪した）。

今日はオブザーバーとして、由岐友弘氏をお招きしている。大阪大学の原子力学科を卒業後、二五年間原子力関係の仕事に携わり、わざわざアメリカから急遽帰国していただいた。日本の原子力安全委員会とアメリカのそれでは、どのように異なるのかお教え願いたい。

由岐　ワシントンでずっとテレビを見ていましたが、最初の印象はなぜ、NRC（米国原子力規制委員会）が助けないんだということでした。みなさん誤解しているのは、アメリカのNRCと日本のNRCでは、名前は同じですが規模も内容もまったく違います。アメリカは四〇〇〇人、これらはみなプロ中のプロ。スリーマイル島などの事故も経験しています。原発の安全について世界をリードしています。日本は四〇〇人。だからといって日本は一〇分の一の規模なのではありません。上層部は二〜三年で代わる原子力の専門家ではない人。残りの人はおそらくメーカーを辞められて配属になったりした人。プロとは呼べない人たちです。

人数だけの問題ではなく、中身がまったく違う。私は日本のそれらの委員を何人か知っていますが、ぜったいに事故を解決することはできないでしょう。むしろ、できないところからスタートしている感じさえしています。

私がひと言加えたいのは、冷温停止です。みなさん大本営からの情報で固定観念のように信じている。冷やすのはいいことなのだと思っているのですが、毎日、一〇〇〇トンずつ汚染水を作っていました。しかも高レベルのものです。青森県の六ヶ所村に処理施設はありますが、まだ装置が動いていない。一トン処理するのにいくらかかるか。二億円くらいかかるのではないか。毎日一〇〇〇トンずつ汚染水を作っている。二〇〇〇億円ですよ。事業仕分けで毎日二〇〇〇億円損をしている団体があるとどうなるのですか。東電はそんなお金は払えません。誰が払うのですか。国民が払うことになる。冷温停止というのは国家の問題。これは非常に大きな問題。国レベルで最善を尽くすことを考えてほしいのです。

村上　大本営は正しい情報を公開しない。しかし事態は、四週間前の佐藤講師のシナリオ通りに推移している。原発の全電源の喪失をアメリカは三〇年前に想定している。はっきりいって東電がこのことを知らなかったら怠慢。知っていてやらないのかも知れない。本来原子力発電は外国では地震だとか、水害の及ばないところに作るのが前提。ところが日本は、リスクの高いところに作ってしまった。リスクの高いところに作った以上は、万が一のときの対策を練っておかなければならない。原子炉が破壊されたあとの、マニュアルがゼロである。また、炉を廃炉にするかしないのかを瞬時に決めなければならなかった。原子力発電所一基の値段は数千億円である。一私企業に任せられたら躊躇するのは当然。四基で三兆円の投資がパーになる。トップはそれを考えてしまったと思う。いずれにしても、一企業に任せるのは無理である。

一つ言えるのが、「これの責任はお前らにある」という人が、一番国家の危機管理で大事なときに、トップにいたことである。ある評論家は「鳩山君は史上最低の総理で、菅君は史上最悪の総理だ」と言っていたが、一番大変なときに人間的に最悪の総理であった。総理が全部抱え込んではいけない。村山首相のとき（阪神大震災）にはすべてスタッフに任せ、責任はおれが取るという形にした。できもしないことを抱え込むから、全部処理できなくなってしまったのです。

〈質問10〉初動のミスも含め、これらは民主党政権の責任だが、原子力の推進や原子力の安全基準は、自民党政権のときに作ったものだ。自民党として、そこをどう反省をし、評価をするかということを出さないといけないと思う。

村上　だからこの会を開いている。安全神話に飲まれてしまった。大いに反省しなければならない。原子力発電というのはそもそも核分裂を行うものである。だから、必ず人を殺傷する危険を秘めた放射能を扱うことを前提としている。そう考えなければならない。だから今回徹底的に検証すべきことと、国会議員も今回の問題については、単なる事故としてではなく、二度と将来日本で起こさないために、徹底的に検証しつつ、勉強すべきだ。

保安院長の「誤診」がなければ、被害を抑えられた可能性がある。

「それは耐震安全性の問題だ。福島第一原発（3号機）は昨年プルトニウムを使った発電「プルサーマル」を実施したが、それ以前に福島県は福島第一原発の耐震安全性を検証するように求めていた。だが保安院は「プルサーマルと耐震は無関係」とし、それまでの中間報告をおさらいするだけで耐震安全性の議論を終わらせた。保安院の中には技官を中心にこの判断は「ありえない」と抵抗する動きもあったが、当時の民主党政権からの圧力を丸呑みした寺坂（保安院長）が強引にこの方針を押し切ったのだ。当時、丁寧に津波被害をシミュレーションしていれば、冷却機能喪失という絶体絶命の危機を避けられた可能性もゼロではない」（『選択』二〇一一年四月号）。実はポイントはここなのです。

〈質問11〉 浜岡原発の運転継続の是非についてお聞かせください。

佐藤　米国の原子力発電所には、外部電源が高度に多重化されていたり、非常用ディーゼル発電機のほかにガスタービン発電機が発電所内完全停電（SBO）事象の対応として追加されている例が少なくありません。これは、各原子力発電所に対し、それぞれの「弱点」を抽出する確率論的な評価を実施した結果を踏まえた対応です。わが国の場合、そのような評価は行われておらず、何が各プラントにとっての弱点なのかが把握されていません。今回の教訓を電源の強化というカタチで受けとめるのは必要な対応の一つかも知れませんが、「弱点」がほかにないとも限りません。総合的な点検の一助として、確率論的な評価は必要だと考えます。

5　私自身のまとめ

今回の原発の問題点は初動ミスがすべてであった。

本来、原子力事故というのは東電のような一企業が対応できる問題ではない。だが政府は、東電に任せきりだった。とくに大震災後ただちに、安全保障会議を開くべきなのに、開かなかった。そして、アメリカが蓄えたノウハウを教えてもらわなければならないのに、アメリカの協力の申し出を拒否した。また首相＝指揮官としての資質の問題もある。

五分間空焚きしただけで、燃料棒の被覆が融け、水素が発生し、水素爆発を起こす。それが分かっているのに菅総理は一二日午前六時にヘリで福島原発に行き、そのためにベントの時間が遅れてしまった。そのうえ三月一五日の朝五時半に東電本社に乗り込んで行き、「東電は潰れてしまう。キミらに責任がある」と怒鳴り込んだ。三時間居座り続けた上に居眠りまでして帰ってきた。とんでもない話である。

最初の段階で燃料棒が破損し、水素爆発を起こすことは分かっていた。水素爆発した途端に、燃料棒はもちろん、ひょっとすると炉も壊れている可能性が大きい。朝日新聞も書いているが、初期のシナリオに固執し、原子炉、ポンプ、電気系統、配管などが修復可能であることを前提として、いつまでたっても水をジャブジャブかけ続けた。

●汚染水の処理に莫大な資金がかかる

毎日六〇〇トンの水を供給している。二日で一二〇〇トン。二〇日で一万二〇〇〇トン。実はその廃液を処理するために何億円もかかる。これは東電が責任を取るのか、政府が引き受けるのか。結局は、われわれの血税でやるしかないだろう。問題はこの汚染された物質（水）、高濃度に汚染された廃液が海に流れ出したことである。そのときブイにＧＰＳを付け、流さなかったため、どこに流れたのかさえも誰も把握していない。アリューシャン列島やアラスカ、アメリカ大陸などに到達した場合風評被害や損害賠償の可能性も出てくる。

大気の問題もある。**ドイツが大気マップを出しているのに日本の気象庁は出さない。**汚染は風向きによって大きく異なる。同心円ではない。その地形や温度、風向きによって違う。チェルノブイリでは三六〇キロメートル近辺まで汚染されている。これにならうと日本なら東京を含め関東がすっぽり入る。ポーランドはチェルノブイリが事故を起こした四日後に全児童にヨードを飲ませた。その結果、ほとんど小児がんが出なかった。実はこの汚染はかなり深刻なのだ。

●意味のないことに命をかけさせられる作業員

菅首相は正直で、二〇～三〇年住めないところが出ると言った。すぐに自分の発言ではないと訂正したが、実はそれ以上になる危険性がある。読売新聞では、炉の損傷が、1号機七〇%、2号機三〇%、3号機は二五%と発表している（四月二七日　東電は訂正　1号機五五%、2号機三五%、3号機三〇%。データは格納容器内の放射線測定値から推定されるが、東電は「計測値の転記ミスなどが原因。意図的ではない」としている）。だが、実は中心の一本が崩れると、全部に波及する。たぶん燃料棒はすべて崩れ、下に落ちているだろう。使用済み燃料プールの問題もある。

両先生の主な主張は、冷やし続けて毎日六〇〇トンの汚染水をどんどん作り、その汚染水の回収やキレイにするだけで莫大な費用がかかる。目標も達成できないはずである。国土の汚染はますます広がる。われわれが第一義的に考えなければならないのは、現場で働いている消防士や自衛隊員、東電の下請けの作業員たちだ。何ら意味のないことに命をかけさせられているのだ。一番の問題はわが国の子供たちの命をしっかりと守ることと、国土の汚染を一刻も早く防ぐことにある。自民党も復興の支援や原発対策についてケチばかりつけていないで、対案を示せと言いたい。自民党でも勉強会がいくつかあるが、本格的な、技術的な議論ではない。党が中心となって本格的な対策を講じる必要があるのだ。

第三章　循環冷却への危惧と放射線の認識

～第二回原発対策国民会議（二〇一一年五月一八日）

メルトダウンはとっくに起きていた。われわれが指摘したように、三月の一一日から一二日に起こっていたことを、東電、保安院もやっと認めたのである。しかも、メルトダウンが起こっているのに水棺化というでたらめなことを相変わらずやっている。朝日新聞には「砂上の工程表」と書いてあった。実現は不可能だろう。この日は、原子力問題の泰斗である石川先生においでいただき、事故を総括的に振り返ってもらい、今後の対策はどうあるべきか、そして今後このような事故を二度と起こさないためにはどうしたらいいのかをお聞きした。基本テーマは、「循環冷却への危惧と放射線の認識」である。

【石川《いしかわ》　迪夫《みちお》】

東京大学工学部機械工学科〈経歴〉昭和32年　日本原子力研究所　入所、昭和63年　日本原子力研究所　安全性研究センター長、平成元年　日本原子力研究所　東海研究所副所長、平成3年　北海道大学工学部　教授、平成9年　財団法人原子力発電技術機構　特別顧問など、平成17年　日本原子力技術協会　理事長、平成20年　日本原子力技術協会　最高顧問　現在にいたる。〈歴任された省庁・団体の委員等〉経済産業省　原子力発電技術顧問など　国際原子力機関（ＩＡＥＡ）原子力発電に関する国債安全基準上級諮問委員会（ＮＵＳＳＡＣ）日本代表委員　国際原子力機関（ＩＡＥＡ）原子力の安全に関する各種委員会委員他　内

閣府　中央防災会議専門委員会委員　内閣府　原子力安全委員会原子力安全総合専門部会委員　内閣府　原子力安全委員会ウラン加工工場臨界事故調査委員会委員など。〈著書〉講談社『原子炉解体』1993年　日刊工業新聞『原子炉の暴走』1996年　（社）日本電気協会新聞部『原子力への目』2005年など

1　私は原子力のＡ級戦犯。知っていることは何でもお話する

私は、いまから五五年ほど前に原研に入りました。日本で初めての発電用原子炉の建設から運転までを手がけました。そのあとは、安全性研究をずっと続けておりました。そうしているうちに、原子炉が古くなり、廃炉のほうもやりながら北海道大学に赴任。原子炉の安全性に関して、ほぼ全てについて関与してきましたが、現在は、原子力技術協会の最高顧問をしております。原子力発電とその安全性が私の専門分野でございますので、今回自然が、津波が原因とはいえ、このようになったことに対し、断腸の思いで非常に残念に思っております。私自身はもうA級戦犯のつもりでおります。今回、私の知っていることはすべてみなさまにお話をさせていただきたいと思います。

実は先日、村上先生にわざわざ私の事務所までお訪ねいただきまして、どうもありがとうご

ざいました。いたく感激いたしまして、ここに参った次第です。

今日申し上げますことは、事故の現状がどういうふうになっているのか。これは私の推測もだいぶ混じります。そのあとに、いったいなぜこのようになったのか、対応の遅れがだいぶあるのではないだろうか、というのが村上先生のご指摘ですが、それについてもお話をさせていただきます。そして、政治に対してですが、いまから何をしていただきたいか。その次に、国際的にはどういうふうに見られているか。最後に、現在の避難されている方々について、これらをお話しします。説明はなるべく簡略化いたしまして、あとはご質問がたくさんあるでしょうからそれにお答えするかたちで説明できればと考えております。そのときに私の個人的な感想も交えてお話をさせていただきます。

●作動していたRC－C（原子炉隔離時冷却系）、IC（隔離時復水器）

さて、演題に入ります。みなさん、すでにお分かりのことと存じますが、もういっぺん事故全体の流れを復習してみたいと思います。

地震が起きました。これがM９ですから、もう設計以上でした。原子炉は自動停止。同時に外部からきている電線が全部アウトになりましたので、非常用に準備してありましたディーゼルの発電機が自動起動します。原子炉が停まって、非常用のシステムを使って冷却操作を開始したわけです。いわばこれは、非常時における正常な、検討済みのノーマルなステップに入っていたわけです。

ところが一時間後、正確には四六分後とも言われていますが、津波がやってきました。非常用の電源が停止したと伝わっていますが、実際には電源の設備もすべて水浸しになってしまった。そのためにモーターで動いている機械類が全部使えなくなりました。**緊急時における、いわゆる〝普通のステップ〟に入っていた冷却機能が不能になってしまったわけです。しかし、それだけでまいるようなチャチな設計はしていません。**実は、炉心を溶かした崩壊熱というのが原子炉にあります。これを利用した冷却装置です。崩壊熱によって出てきた蒸気を使って小さな別のタービンを回す。それでポンプを動かし、水を汲んで、炉心を冷やすわけです。このように電源が不要な安全設備を原子炉はみんな持っています。これをＲＣＩＣ（原子炉隔離時冷却系）、ＩＣ（隔離時復水器）といいますが、これはちゃんと作動していました（のちに1号機のＩＣは手動で停止していたことが判明Ｐ70参照）。

●八時間は持ちこたえるが援軍は来ない――原子炉の玉砕「メルトダウン」

このバックアップ機能は、少なくとも八時間程度炉心を冷却する能力を持っています。理由は、「日本の場合、八時間あったら電源が回復する」と、電力会社の安全審査での約束事があったからです。また、これまでの実績を見て、それを信用して良いデータがあったのです。ですからこの間に、外部からの電源が回復できていれば今度の事故は起こっていない。電気がつながるまで、バックアップのシステムはがんばってくれていました。ところが一〇日近くも停電が続きましたね。いくら、蒸気でがんばってもだめです。戦争の話で恐縮でございますが、**硫黄島、アッツ島、サイパン島のように孤島の守備部隊は非常にがんばってくれたが援軍がこないために玉砕してしまった。原子炉の玉砕は、即ち炉心溶融。最悪の炉心溶融に到ってしまったわけです。**その間、何とか水を入れようとしたのですが、原子炉の中は圧力を持っています。まず、この圧力を抜かなければ水が入らない。しかもベントをするのに時間がかかった。

次に水を入れた。しかし、その水に限りがあります。それで海水を入れたわけです。塩水などは入れたくありませんが、このあたりの事情は、これから明確になっていくと思います。

●海水注入は原子炉の死刑

ただ一つ、みなさんにお話をしておきたいのは、**原子炉に海水を入れるのは、原子炉に死刑を執行するのと同じ**であるということです。錆びます。二度と使用できません。当然のことながらその決断には、非常な決心がいる。社長に、あるいは副社長、所長に相当なプレッシャーがかかっていたことでありましょう。そういった緊迫した時間の中で何があったのかは、みなさんのほうがご存知でいらっしゃると思います。以上が事故の経緯です。

●溶けた燃料は、直径四メートル、高さ三メートルの塊

次は現状です。これは私の推測がだいぶ入っております。炉心の状態がどうなっているのか。水浸しの状態で、上の方からパイプで水を落としているわけですが、**溶けた燃料は、直径が四メートル、高さが三メートルくらいの塊になっているのではないかと思われます。これを巨大なタマゴとして考えると、鋳物のような殻が、それを取り囲んでいます。この殻の厚さはいま、二〇～三〇センチメートルくらいでしょうか。真ん中のほうはスリーマイル島の例からいうとたぶん、二〇〇〇℃から二三〇〇℃くらいの高温で煮えたぎっています。**いまでもその状態で

数千キロワットの熱が出ています。当然その熱を水で冷やしていますが、中は煮えたぎっています。

その殻の割れ目からガスが出ている。そのガスは何か。簡単に言うと炉心の燃料のガスですから、放射能をたっぷりと含んでいる。放射能ばかりだといっていい。**溶融した炉心の殻の裂け目から放射性のガスが絶え間なく吐き出されている。**そうお考えください。

そして、放射性のガスは水で冷やされている。冷やした水は冷やされた放射性物質と一緒に格納容器の底へ落ちてくる。ですからこの水は放射能を含み、しかもその数値は非常に高いのです。

●心配は高濃度の汚染水――「海のチェルノブイリ」を防がなければならない

原子炉格納容器の形をダルマさんにたとえますと、ダルマさんの足にあたるのが圧力抑制室です。そこには水が溜められています。ここで放射性物質は、水で冷やされ、ガスとなって出ていきます。温度は一〇〇℃ほど。一〇〇℃で気体になるものは何かというと、たくさん種類があるうちで、希ガスかヨウ素しかありません。これらは事故の最初のうちに出し切っていますから、現在はほとんど放出されていません。出ているのは何か。プルトニウムやコバルトといった比較的重くて融点の高いものが水蒸気に伴われて、ベント弁のところから出ていきます。比較的重いので排出されるとすぐに水蒸気から離れて、ポトンポトンと落ちていく。ですから、原子力発電所の周りはそういったもので汚れています。**プルトニウムやコバルトなどは、そんなに遠くまでは飛んでいません。**

放射性物質の放出量はチェルノブイリの一〇分の一くらいです。むしろ心配は、高濃度の汚染水です。日本で心配されるのは、大気中の汚染ではなく、多量の汚染された水、つまり大量の水版チェルノブイリ＝「海のチェルノブイリ」を防がなければならないのです。しかしこのことを、まだみなさん方は、気がついておられないように思います。

●判断が遅れに遅れるシステム

村上先生から、事故への対応がずいぶん遅れているのではないかというご指摘がありました。私もそう思いますが、これをどのように考えるのか。大きく二つの期間に分けられると思います。事故直後から一週間ぐらい。電気がやってくるまでの間です。これがまず一つ。そしてその後です。それぞれどのようなことが起こったのか。

まず最初の期間ですが、三台の原子炉が津波によって一度に停止しました。同時停止というのは発電所にとっては非常につらいことです。そして、電気が津波によって停まりました。発電所内は真っ暗闇です。とくに原子力発電所というのは放射能を絶対に出してはいけないということになっていますから、窓がありません。ですから昼間でも真っ暗です。現代の人間は暗闇に慣れていません。これが恐怖心を相当煽ったであろうと想像されます。恐怖があったと噂でちらりと聞いています。ここが中越沖地震での沈着な対応とは、違うところではないかと思われます。

真っ暗闇です。混乱もありましたでしょう。放射能もあります。狼狽も、躊躇もあったと思います。人間である以上仕方がありません。本日は、マスコミの方も大勢お見えになっているようですが、**作業員に対し、あまり直後のことを責めないでいただきたい。もちろん責任ある人がしかるべきことをきちんと果たしていくことは必要ですから、彼等の責任は問われるべきでしょう。しかし、過酷な環境であったであろうことは考えてあげねばなりません。**

聞いた話ですが、ベントをするのに政府の同意を得たということです。これで、かなり遅れたのではないでしょうか。同じように、炉心への注水の判断です。炉心の水位が下がってから、水を入れたのでは何にもならない。水があるうちに入れなければならない。それも遅れています。

私の家は福島と東京のちょうど中間にあり、三日間ほど停電していました。ですからラジオしか聞いていません。保安院の事故評価尺度は、最初は3。それを、4、5、最後は7にした。

保安院も事故状況についてずいぶんのんびりしていたと思います。東京電力の運転員にその影響がなかったかというと、そうとはいえない。〝のんびり〟が感染した。

●指揮を執るべき安全委員会のリーダーシップが見えない

二つ目の期間についてお話しします。現在事故から二か月以上が経過しているのですが、事故対応のスピードが半分以下、いやもっと三分の一くらいしかない。もっと早く事故処理が進んでもいいだろうと思っています。遅れに遅れている。

原因は、ちゃんとしたプロジェクトチームが形成されていないこと。そして、司令塔の不在です。とくに後者のほうはお考えいただきたい。まずプロジェクトチームですが、安全委員会の姿が見えないんですね。政府と原子力安全委員会、原子力安全・保安院で編成はされているようですが、本当は安全の長である政府の安全委員会がもっとリードしなければなりません。ＪＣＯ（東海村ＪＣＯ臨界事故　一九九九年）のときはそうでした。安全委員会が当然指揮をとっていいはずなんです。しかし、安全委員会自身は何も言っていない。言わないのか言えないのか知りませんが。**安全委員長は私の後輩でございますから、困ったもんだと個人的には思っております。**

巷の噂では、政府は将来的な説明を全然しないから困ると言われています。安全保安院は確かに毎日毎日出てきて話をしてくれるけれど、後追い説明だけじゃないかと。東京電力も、それに言われるままではないのかと。だから発表された工程表も総花的な計画でした。工程表が出たことで、何となく目標がついたというところだけは改善されたのかも知れません。しかし、何が何だかさっぱり分からないというのが、一般のみなさんのご感想なのではないでしょうか。

●総花的な「工程表」と無駄な作業

対応にスピード感がない理由は、はっきりと事故の状態を見据えて実行に移す司令塔がいないからです。ここに責任があるのではないでしょうか。お考えください。東京電力は事故を起こした当事者です。また、政府にしても原子力に関して技術的な知識があるとは到底思えない。当然、その下の安全委員会や保安院がやってしかるべきです。保安院の言うことを聞かないで東電が独自のことができるでしょうか。できないから「工程表」は総花的な対応になったと考えております。

司令塔が不在だと混乱を招きます。三者が顔を見合わせたような状態。三竦みだと、訳が分からなくなり、無駄な作業も多くなる。たとえば窒素を入れる作業。水浸しにする水棺作業。

こんなことばかりに時間を使っていたわけです。必要ありません。

●「非常時」としての認識が必要

事故対応が遅れた2つ目の大きな理由は、「非常時」としての認識のなさです。今回は正真正銘の非常時です。私自身は、戦争のときと同じような危機感を感じています。ところが、非常時ではなく、平常時のルールをいまだに使っているようです。ガレキも粉々にしてドラム缶に入れるというようなことをしている。埋めてしまえばいいことなんです。たぶん保安院の指示だと思いますが、通常時のこまかなルールを用いているので、作業がはかどるわけがない。作業の計画性、統一性がないのはこのためです。事故対応の遅れは、「非常時」としての認識がないからだと私は見ています。

●政治が行うべきことは何か

まず言いたいのは、福島第一原子力発電所周辺のエリアを特別なものにしていただきたいということです。私は四月から言い続けていますが、全然実現されていません。このエリアを特

別な区域として、津波災害全体の復旧、復興とは、分離して別個に考えなければなりません。誤解してほしくないのは、難しい問題を当面先送りするということではありません。このエリアが受けたダメージは、その他の地域とは本質的に異なる。特別な手立て、手当てが必要なのです。震災そのもののダメージは、たぶん一年くらいで回復すると思います。しかし、福島は今後一〇年、あるいは、それ以上の時間がかかります。特別の治療が必要なのです。

二番目は、先ほども言いましたが、非常時なのに、通常のルールがあてはめられているということ。**通常の日本の法律体系の中でやっていてはいつまでたっても終わりません。ですから、非常時の特別ルールとして、軍隊組織のような上下の指揮命令系統がしっかりしている組織を中心に据えなければならない。**

政府は、「権限を与えるからお前たち、きちんとやれ」とはっきりと伝え、任せる。その中で司令官を決め、参謀を定め、例えば東電も、保安院も、日立や東芝もみんなその統括下で働く。このような軍隊組織のようなものを作って収拾を図る。このままではいくら時間を費やしても終わりません。ガレキの処理はこのセクション、道路、港、住宅、衛生はどこ、陸上に関してはここ、海洋に関してはここ、原子力のことは原子力屋に任せるから、しっかりとやれと、それぞれ命じる。すべての組織が、統括下に入る。規制当局も例外ではありません。

これくらいにやらないとスピードはアップしません。いつまでもたついていると、近隣の国々から相当きびしいことを言われてしまいます。国際的な問題も生じます。政府は命じた以上、おカネを出しても口は出さない。総司令官に任せていただきたい。治外法権下での大統領ですから、政府もそれにしたがってやっていただきたい。そうすれば比較的早く、どこまで上手く収拾できるのかは私も見えませんが、みんなが積極的になり、復旧・復興に向かうのではないかと思います。

村上　それは総理が、余計な口出しをするなということですね。

石川　それもそうですが（笑い）。もっといけないのは原子炉とか放射能などを教わったことのない人が、机の上だけで、あるいは頭の中だけで、ああだこうだと言う。これがいちばんいけません。どこかの役所の悪口を言っていますが、放射能を取り扱ったことのない人間が毎回、記者会見などで報告や説明をするのは国全体にとって非常に危険で、それ自体がガンです。

汚染濃度の濃い廃液があると申しました。これは「全然漏らさないでやれ」というわけにはいきません。台風がきたらどうしましょう。もう津波はこないでしょうが、日本の気象を考えるといろんなことが想定できます。

具体的には、**私は福島第一原発から半径三〜五キロメートルと、附近の海域のある一定範囲を「戦場」と認識し、治外法権として、国際協力のもとで解決する方法を提案します。**海洋汚染の場合、ある程度の幅をもって海域を設定し、「ここからは出さないようにする」と、世界に納得していただく形で発表する。その区域、海域を治外法権として世界に認めてもらう。そうしないと、ちょっと漏れたということだけで近隣の国々から必ず非難がくる。しかし日本政府が外交的に手を打って、ここからここまでの範囲は、国際的な協力のもとでやっていこうではないかと、いうことをきちんとお話になれば、むちゃくちゃなことがない限り世界は認めてくれると思います。

2　実現可能な今後の方策

●単位「レントゲン」で考えると恐ろしさが感覚的に実感できる

「今後の方策」についてです。私は実際に、モノ（溶融炉心＝放射性物質）を見ておりません。これがどのようになっているのか。これを出来るだけ早く見極めることが重要です。グルグルと冷却水を循環させるだけでは、上手くいかないと考えています。もう二月以上こじらせてしまっている。放射能濃度が高く、今後の作業はとても困難を伴います。

古い単位で恐縮なのですが、キューリーとレントゲンという単位を使うと感覚的にとても分かりやすく理解できます。

一キューリーは、一メートル離れたところで一レントゲンあるという放射能のタイプです。人はだいたい、七〇〇レントゲンを一時間浴びると、ほぼ確実に命を落とします。この一〇分の一の約五〇レントゲンで体調に変化を覚えるが、一〇レントゲンでは健康上の被害はないと私の世代は教わりました。荒っぽい話ですが、その半分の五レントゲン程度を目安に時間を割り出し、作業に入ったものです。これが私の習った放射能の人体への影響です。

さて、炉心に放射能がどれくらいあるのか。コバルト60はエネルギーが比較的強いものです。

直径が四メートル、高さが三メートルくらいの燃料が溶けた塊には、コバルト60に換算して、だいたい10億キューリーの放射能があります。その一％が水に溶けているとしましょう。一〇〇〇万キューリーですね。この汚染水がグルグルと回っている。先ほど申し上げましたように、七〇〇レントゲンで人間は確実に死にます。**仮にフィルターで一〇〇分の一に出来たとして、一〇万キューリーです。そんな水がぐるぐると回っている。信じられませんね。一〇円（一〇キューリー）で遣り繰りしている私のような貧乏人に、一〇〇〇万円を都合せよといっているようなもの**です。よほど規模のしっかりとしたシーリング（遮蔽）をつけなければなりません。

しかも、海水を入れていますね。普通、塩というのは鉄などを錆びさせると思われますが、そればかりではありません。原子炉の配管などに使われているステンレスやインコネル（ニッケル基の超合金）などの上等な材料は〝割れ〟が入ります。応力腐食割れという〝割れ〟が生じやすいのです。そこから高濃度に汚染された水が漏れるとどうなるのでしょうか。そういったことを原研の第一世代の私の友達、ＯＢは非常に心配しているのです。循環冷却にはこのような問題があるのです。

●これからに向けた三つの案

今後、どのようにしたらいいのか。私は三つの提案ができると思います。一つは、溶融炉心の早期凝固（安定冷却）、二つ目は、約一〇年間、崩壊熱の減衰を待ったあとの冷却、三つ目は、ただちに空冷（石棺）することです。

第一案は、溶融炉心の早期の凝固冷却ですが、これを達成するには、事故状態をきちんと把握する必要があり、高濃度汚染水との戦いになります。ただ、私はこれを目指して努力すべきと考えております。第二案の前に第三案を申し上げますが、これは村上先生がおっしゃっておられますが、ただちに空冷にできないのか。まだ、分からないことがあります。予期せぬサプライズがあるかも知れない。チェルノブイリの場合は、ドロドロに溶けた燃料の塊が、原子炉の底の3メートルもあるコンクリートを溶かした後、その下にあるコンクリートの廊下の上を50メートルも突っ走って固化したと言われています。そして板のような格好になって冷えた。薄い板のような格好になったことで表面積が広くなり、冷えやすくなったからです。いくつかの空冷の方式はあります。その代わり三〇キロ圏内はいまだに人が入れない（住めない）状態です。

その両方の中間くらいの方法が第二案です。**今後一〇年間くらいいまのまま冷やしておいて、崩壊熱が一〇分の一（三〇〇〇キロワット→三〇〇キロワット）くらいに減衰するのを待つ。**一日や二日でこの崩壊熱というのは減りません。今からですと一〇年間くらいでやっと一〇分の一ほどになる。つまり、崩壊熱の減衰を待ったあとで固化する。そして、石棺を考える。問題点は、高濃度汚染水がどんどん増えることです。この対策をどのようにするか。今後ますます大きな問題になっていきます。

●どのような体制で臨むべきなのか

まず国内の原子力の総力を結集しなければなりません。私はこれまで、原子力の安全に関していろいろやってきたつもりです。多少名前も知られていると思われます。しかし、まだ政府から一度もお呼びがかかったことはございません。知恵を貸してくれなどというお話もありません。いまやっているのは政府と東京電力と保安院。みなさんばらばらに動いていらっしゃる。

取捨選択は必要でしょうが、諸外国からの知恵も必要です。しかし諸外国への協力要請は、原子炉の上に溶融した原子炉がどんな状態になっているかを調べるための橋頭堡を形成した後、つまり玄関先を掃除し、混乱している環境をある程度整理した段階です。各国に改めて協力をお願いすれば、知恵を貸してもらえると思います。各国とも、協力しようと言ってくれています。研究者というのは不思議な人種でして、頼まれると「よし、オレが」という方が出てきます。その人物の取捨選択は必要ですが、日本の総司令官が、「これでやろう」「これはやめよう」と、決断していけばいい。**大事なことですが、１〜４号機まで、作業は国際協力のもとでやる。日本だけでやろうというのは、ばかな考えです。**もちろん、カネは日本が出します。必然的に細かなノウハウが各国に入ってしまいますが、これは将来の世界の原子力の安全につながっていきます。また日本ではこういうふうに解決をしたというモデルにもなる。海外の機関が参加してのことですから、悪い評判になることはありません。

そして、データの開示です。隠してはなりません。情報公開に極力務めることです。最後に大事なことは、先ほども申しましたが通常のルールではなく、非常時のルールを適用して、「お前達、死ぬ気で働け」「カネは出す」というようなことを、力強くおっしゃっていただくことが必要ではないかと思います。

●海外は何を望んでいるか

詳細な事故経過は自国プラントでの再発防止に役立ちます。事故処理を通じて知識が吸収されます。政府は事故究明のために事故調査委員会を立ち上げるといいます。ところが、一〇人の委員のうち、座長を除いて九人。そのうちの八人の委員は原子力ならびに放射線関係者以外から集めるという。こんな器用なことができるでしょうか。原子炉を知らない人が原子炉の真相究明なんてできっこありません。それに加えて偽証罪を適用するという。このようなことでは誰も真実を語りません。暗闇の中で何があったのか。ちょっとおかしなことを言うと偽証罪になりかねない。これでは怖くて、正直な話もできません。**「本当のことを言ってくれ、その代わりあなたの責任は問わない。刑事訴追はしないから本当のことを、包み隠さず話してください」と言われて初めて科学技術的に本当のことが分かる**のです。ですから、この調査委員会のやり方は間違っていると思います。本当のことが出てこなければ外国からまた何をやっているんだということになるでしょう。

●5号機、6号機が助かったのは空冷のディーゼルがあったから

ところで、中部電力の発電所は、高い防潮堤の設置を決定しました。しかし、あの高さを超える津波がこないといえるでしょうか。私も安全審査を長くやってきました。かつて地球物理の先生に教えられました。「オープンな海岸では六メートル以上の津波はこない。こういうふうに石川君覚えておきたまえ」。権威が言うのですからそう信じました。それで一〇メートルの高さにしたら一五メートルの高さの津波が襲ったのです。そうなると、一七メートルにしたら、それ以上はこないと誰が断言できるのでしょうか。

原子力発電所を一つのキットとして考えてみましょう。地震がきた。外部電源がだめになった。けれども非常用ディーゼルで冷却に入った。津波が来た。それでもまだがんばっている安全系の設備があった。八時間以内の電気の復旧を待っていた。発電所のキットとしての安全性というのは、私たちが長年模索してきたものです。この設計思想には問題は無かったのです。では何が足りなかったのでしょうか。

それは地球との関係です。自然現象への配慮が足りなかった。地球物理の先生方は正しいことを仰っていただけなかった。地震だけは工学的な技術を応用して耐震設計などに活かしています。ただ、火山、台風、竜巻、洪水、積雪、乾燥、寒波……。こういった災害を起こす自然

現象全てのリスクをもっと科学的に分析し、原子力発電所の設計条件として盛り込む必要があります。これは世界共通の課題です。ただ、それだけでは、対策は不十分です。どれだけ対策をしても、それでも事故が起きると考える必要があります。この場合、電源が重要です。何故なら、全ての機械は電気で動いているからです。非常用電源がもっとほかにあったら、援軍（電源）さえ届いてくれれば玉砕しなくて済んだ。いまでも悔やまれます。

対応を非常用電源をディーゼルだけに頼ったのがまずかったのです。5号機、6号機が助かったのは空冷のディーゼルが一つあったからです。電源を多様化すること。外部電源をいろんなところから持ってくること。原子力発電所というのは大きなエネルギーを出します。その分、危険なのです。

太平洋岸にある発電所は、日本海側から電源ケーブルで結ぶ。このくらいのことはしたほうがいい。

●安全設計審査指針の要求

日本政府が決めた現行の「安全設計審査指針」には、地震に対する科学的な知見を入れるように書かれています。また、「予想される自然現象のうちもっとも過酷と考えられる条件」を採用するよう要求しています。つまり、それができているなら安全と認めるということです。今回は、高さ15メートルの津波をもっとも過酷な自然現象として採用できなかった。そこが問われているのです。「電源喪失に対する設計上の考慮」というのも入っています。これは、短時間の全電源喪失に対して、対処すべきであるというものです。それをわれわれは八時間に設定しました。アメリカでも八時間程度だったと思います。

先日、アラバマ州で竜巻が起こりました。原発のあるブラウンズフェリーという地域に入ってくる電線が、みんな倒れて三日間くらい停電しました。このとき非常用ディーゼル電源、これは油で回すものですが、ディーゼルが働いて安定冷却までもっていきました。幸い大事には到りませんでしたが、オバマ大統領が真っ青になって飛んでいかれたそうです。このようなことが国際経験になっていくであろうと考えられます。

これは技術的な問題ですが、水素爆発がなかったらもっと早く収拾は進んだと思われます。放射能を出しちゃいけないと、あまりにも思いすぎていた。それが頭にこびりついて離れなかった。むしろ、炉心が溶けないうちに、ある程度の放射能とともに水素を出すようにしておけば、爆発は起きずに済んだのではないかと考えております。

●「避難の解除」を検討してもいい

私は高汚染地区以外では、帰りたいという希望者は帰宅させてもいいと考えています。飯舘村では、放射線量は三月一五日にピークになり、それからずっと減っています。現在、一時間当たり三マイクロシーベルトか四マイクロシーベルトくらいの値になっています。もう最初の一〇分の一近くに減っています。これはヨウ素の131の半減期が八日間だからです。仮にいま五マイクロシーベルトとしましょう。一年間はだいたい一万時間ですね。掛けると五〇ミリシーベルトになります。ところが半減期がありますから、二五ミリシーベルトくらいが、いま飯舘村に帰ると今後一年間で受ける放射線量になります。

放射線の国際的な機関であるICRP（国際放射線防護委員会）は、非常時には二〇ミリシーベルトから一〇〇ミリシーベルトまでならばいいのではないかと2007年に決め、日本にも勧告してくれました。ところが日本は、最低の二〇ミリシーベルトを基準にしてしまいました。最低の数値を取っていれば安全だというわけです。

そうではないのです。一〇〇ミリシーベルトは一〇レントゲンですから、いっぺんに浴びても問題になりません。仮に真ん中の五〇ミリシーベルトの値で計算してみると飯舘村は二五ミリシーベルトですから、帰れますね。牛も殺さなくてすんだかも知れません。しかし、避難が昨日今日から始まっているんです（計画的避難）。いちばん最低の値をとっておけば誰からも文句はでないだろうというのは、私には、責任逃れのように思われます。もっと毅然とした態度でこの非常時に対して基準を示さなければならないのではないでしょうか。

では帰って何をするのか。農家の方には田んぼや畑で稲や野菜を作ってもらえばいい。牛を飼うなら飼ってもらえばいい。ミルクを絞ってヨウ素が入っていたならチーズを作ってもらえばいい。一か月たてば一〇分の一に減るのです。ある時間がきたら食べられるような範囲になります。出来上がったおコメや野菜にセシウムなどの放射性物質が、本当に入っているのかどうか。もし入っていてそれが基準以上なら食べられませんが、飼料にして動物に食べさせるとか、方法はあります。そういうことをやるのも国の今後の勉強になるのではないでしょうか。

茨城県沖でコウナゴなどがほんのちょっと数値が高いからダメだといいますが、干物にしたらいっぺんで数値は下がってしまいます。私なら安かったら食べます。このような知恵が少し足りないのではないかと思います。非常時は非常時なりのルールが必要で、基準値をもう一度見直す時期にきているのではないかと私は思っています。

3　質疑応答

〈**質問1**〉三月一一日の夜までの段階に放射能が出ていましたが、これはどこからきているものでしょうか。ベントの決定も翌日の一時半という。停電でベントの弁が開かないと分かったのが、翌朝の九時一七分。この期間を先生はどうお考えになるのか。海水注入はその日の二時五〇分。淡水注入の後ですが、東電の社長はそれまでに海水注入を決断したと言っている。総理が指示を出したのは夕方の六時。経済産業大臣の指示が夜の八時五分。実際の海水注入が八時二〇分。二時五〇分に水素爆発があるわけだが五時間以上がたっている。ベントは一二時間以上たっている。このようなことについて先生の思うところをお聞かせください。

石川　原子炉建屋の放射能はどこからきたのか。それは、容器の圧力がある程度高くなりますね。逃がし弁が開いて、ダルマの足（圧力抑制室）に入っていきますが、そこが一つ。温度が高くなると隙間も開いてくる。そういったところからもきている。明確にどこからきたかは分からないと思います。最初のうちはまだ半減期の短い元気のいい放射能がいっぱいありますからある程度線量が高かったであろうということは考えられます。それの値が、人間が行けない値だったかどうか。それがどの程度だったのかは私にデータがないので分かりません。

破損はそのときに起きていたでしょう。炉心のところから水が下がっていって、真ん中くらいにきていた時点でもう燃料の破損、そして炉心の溶融が起きかけているとお考えください。圧力容器の破損はありません。格納容器のほうはフタなどが温度で開くという可能性はあります。圧力容器はないと思います。二つ目の質問は、ベントの遅れです。これはいまから調べてみないと何とも申しようがない。防災訓練が行われ、総理大臣もいらっしゃっていましたが、どれも形式的な学芸会のようなものばかりです。真っ暗闇の中でベントをどのようにしてやるのか、それの競争でもさせて、一位のチームに商品を渡すくらいのことをしなければなりません。時間を競うなど実際的な方向にもっていかなければならない。防災と言いながら実際的な防災を日本はやってこなかった。形式的な訓練では意味がない。真っ暗闇であったということだけは考慮してあげてほしい。海水注入に関してはおびえ、躊躇などがあってはなりませんが、ベントのときにはあったであろうと想像できます。最初の二〜三時間の間はそういうことがあったかも知れない。

村上　ベントと水素爆発で一二日から一五日のあいだに放射能はほとんど出てしまった。総理は、一二日の早朝六時にヘリコプターに乗って福島へ物見遊山に行った。これはどういうことかというと三原山が噴火したときに噴火口を覗きにいくようなものです。しかし、現場は総理が現場から立ち去るまではベントができなかった。彼は福島の所長に会って、今後のために意見交換をしてよかったなんて言っているが、実際の作業は当直長が判断しなければならない。ところが今回の浜岡の原発の一時停止と同じように自分のパフォーマンスでやった。テレビの映像に撮らせたいためにわざわざ最高司令官が、噴火口まで行ってしまった。だからご質問にあるように早くベントをしたかったが、視察を終えヘリで帰還する際、少なくとも三〇キロメートル以上離れるまでできなかった。それをいまだに覆い隠そうとしている東電と保安院。班目さん（原子力安全委員会委員長）も言っていたが、彼は良心の呵責を感じていた。あのときに班目さんが体を張って止めなければならなかった。体を張らなかったからあのようなことになった。実は班目さんも共犯なんです。

〈質問2〉 総理はベントの指示を出したが東電がやらなかったという。衆議院の予算委員会の答弁ですが、本当にそうなのか。班目委員長がメルトダウンの可能性があるというのを進言していた。パフォーマンスのために官邸のカメラマンをご丁寧にヘリに乗せて視察しているところを映像で流したいがために行った。パフォーマンスのために遅れたという考え方があるんですが、どうでしょうか。

〈関連質問〉 真っ暗闇で、政府は手動でやらなければいけないから遅れたというようなことも言っていますが。

石川 真っ暗闇の中で、ものすごくやりにくかったと思います。それとベントをするための弁の場所ですね。そこまで行くにはどうだったのか、技術的には調べていけば分かると思います。政治的な話はみなさんにご判断いただくのがよろしいのではないでしょうか。命令があってそれが妥当であったかどうかは、ある程度検討がつくと思います。現地への総理の視察ですが、スリーマイル島のときにカーター大統領が防護服を着て制御室に入って行った。総理が発電所のどこらへんまで来られたのか分かりませんが、日本のルールでしたら私たちがお迎えにいかなければならないでしょうね。

1号機で起こったことは必ず2号機、3号機に起きますが、1号機と3号機は別々に考えなければいけないと思います。2号機、3号機についてですが、ベントは明確に遅い。その準備も東京電力としてもしておかなければならなかった。その間の事情というのは分かりませんが。そして、1号機は微妙ですね。一二時間くらいＩＣ（非常用冷却復水器）というのが働いている。

その間は、水があったと思います。朝の三時ころまであって、そこから三時間。ということは、炉心の水がなくなるころにベントをしようとしていたことになるのでしょうか。それからさらに時間がかかると、間に合わなかった。いま、即断ではそのように感じます。ギリギリのところですね。

〈質問3〉治外法権、司令官に任せろと先生はおっしゃる。政府はカネを出しても、口出しするな、いまの民主党政権ではできっこありません。司令官って誰でしょうか。東工大原子力村ですか。同窓会名簿から選ぶのでしょうか。

石川　事故収束のための方策を考え、軍隊組織のようなものをと申し上げた。簡単にいうと**日露戦争のときの大山司令官が必要です。日露戦争では大本営は東京でしたが、解決は大山元帥に任せた。その下に児玉参謀以下何人かの優秀な人が支えた。**もちろん、原子力をよく知っている人が支える。それできちんときちんとやってくれれば収束に向かうと思います。

〈質問4〉再臨界はありますか。また、原子炉の中はどのようになっているのでしょうか。

石川　再臨界はありません。原子炉というのは臨界が起きやすいように作ってある。それが崩壊しているわけですから、臨界しにくい方向へ行くのと同じ。それよりも塩が燃料と同じ分くらい入っている。ですから私もどんなオバケがあそこの中にいるのか分からない。一〇〇トンくらいの塩が入っている。塩漬けです。塩がからからになってそれを塞いでいるかも知れない。どろどろの状態になっているのか。水というのはキレイな水ではありませんが、それが味噌汁程度なのか、ぜんざい程度のドロドロか、分からない。それをすべて調べてみないとけない。先ほど言ったようにグルグル回したらとんでもないことが起きるかも知れない。放射線量は非常に高い。

4　私自身のまとめ

アメリカには一〇四基の原子炉がある。それぞれの原発は、一基あたり一億ドル拠出している。それが基金となり、どこかの原発が事故を起したら、当座の資金としてこれを充てる。すぐに一兆円が集まる。被害を受け、必要としている人たちにただちに提供されるのである。

まさに危機管理が問われている。司令官の顔も、参謀の顔も見えない。石川先生のおっしゃる、軍隊組織に似た組織に任せ、政府はカネは出すが口は出さない。日露戦争のときの大山司令官、児玉参謀のような人物とその能力が発揮できるシステム、被災地と汚染水が流出する危険性のある海域を「戦場」と規定し、国際協力のもとに治外法権として管理するという案など、目を開かれる思いがした。確かに政府も東電も保安院も非常時という認識がまったく不足している。安全委員会の顔も見えないのである。だが、残念なことにいまの民主党に、リーダーシップを発揮し、諸外国に働きかける力はない。

避難の解除、基準値の見直しなど、復旧・復興に真剣に取り組んでおられる方には、大いに参考になったのではないだろうか。また、海水注入による塩の量が一〇〇トンだという。これがドロドロのぜんざいのような状態になっている可能性もあるのだ。残っている塩が、腐食や配管を塞ぐなど、どのような悪さをするのか、分からないというのだ。

しかも、**循環冷却のための汚染水は、浄化されつつ回るというが、仮に一〇〇分の一がフィルターで除かれたとしても一〇万レントゲンになるという。人間の致死量は、七〇〇レントゲン。このような超高濃度の汚染水がぐるぐると回っているのだ。これが工程表の冷温停止に向けた現実的な対応なのだろうか。作業員の中に犠牲者が出ないことを祈るだけだ。**

「低レベルだ」「ただちに被害が出ない」など、根拠のない発言はもういい。聞き飽きた。いずれ、メルトダウンに代表されるように国民のほとぼりの冷めたころになってから、訂正するのだろう。

現実はどんどん悪い方向に進んでいる。まだ遅くはない。このあたりで、事実に基づいた対応をするための政治の仕組みを作り直さなければならない。わが党も決断しなければならないのである。

第四章　「事故対応の早期収束のための具体案」

——政治の決断を！この悲劇を未来が見えるプラスの方向に変える戦略が必要

第三回原発対策国民会議（二〇一一年六月八日）

1 「事故対応の早期収束のための具体案」

東電は、燃料棒が溶けてメルトダウンが起こっていたことを、この会議の前日（六月七日）にやっと認めた。本日は第三回目の原発対策国民会議。ご承知のように第一回の国民会議からもう二か月が経過している。われわれはその前から、格納容器に穴があいているからいくら水を入れても下に抜け、水棺化は不可能であると主張してきた。それも明らかになった（五月一七日　東電は事実上の水棺（冠水）化を断念。「循環注水冷却」に切り替えた）。

海水の注入により、1号機には一〇〇トン近い塩が入っている。ドロドロで、よくてもお汁粉状である。この汚染水をサーキュレーション（循環）で回すことは不可能だ。その上、パイプに使用しているステンレスなどの材質が塩で腐食したり根詰まりを起こす可能性もある。第二工程表も必ず失敗するだろう。保管されている汚染水も限度に近づき、危険な状態が続いている。汚染水が再び海洋に放出、もしくは漏れ出ると、日本の漁場は全滅する危険性にさらされる。諸外国も黙っていないだろう。こう指摘する専門家は多いのである。

今日は地質学の大家である丸山茂徳先生に、石棺化も含めたお話を伺う。説得力を持った具体的なプランの提示に、大いに期待していただきたい。きっとリアルなイメージが描けると信じている。

【丸山《まるやま》　茂徳《しげのり》】

徳島大学卒業後、米スタンフォード大学などを経て、東京大学助教授。現、東京工業大学理学部教授、同大学院理工学研究科教授。地質学者。地球惑星科学、地球のマントル全体の動き（滞留運動）に関する新理論を打ち立て、日本地質学会賞、紫綬褒章受章。米国科学振興協会（AAAS）のフェロー。著書に、『46億年地球は何をしてきたか？』（岩波書店）、『生命と地球の歴史』（岩波新書）、『「地球温暖化論に騙されるな！」（講談社）、『科学者の9割は「地球温暖化」CO_2犯人説はウソだと知っている』（宝島社新書）、『地球温暖化対策が日本を滅ぼす』（PHP研究所）『3・11本当は何が起こったか：巨大津波と福島原発』（監修、東信堂）など多数。

2 メルトダウンをなぜ二か月も隠していたのか
——組織の本能の問題

炉心溶融をして、鉄の二重のカマ（圧力容器、格納容器）からブツ（溶融した核燃料）が落ちている。このようになった時点で、これはもう回収できません。水を上からジャージャーかけても大気や海洋を汚染するだけ。つまみ出して青森（六ヶ所村）に送ることもできません。この時点でもうあきらめなければなりません。

情報の開示の問題に関しては、二か月以上経過してメルトダウンを認めるような組織です。後ほどお話しますが、組織としてすでに相当病んでいることを私たちは認識すべきです。問題は、事故は現在も進行中であり、終わっているわけではないということ。これに対してどう対処するのか。使うおカネもふくめて、国民全体が抱える課題になっています。

地震は想定外と言われます。だが、われわれからみると想定内のことが起きています。津波も制御可能なものです。地震、津波のあと、原発事故が発生しました。冷却水処理システムが破壊され非常用電源が停止して、施設の爆発と大気への汚染が広がりました。

メルトダウンについて、なぜ二か月も事実を隠していたのか。ひと言でいうと「組織の本能」の問題です。組織は、時間が経つと必ず構成員が固定化します。すると組織が結成された初期の目的とは別に、構成員の幸せだけを追求するようになる。こうして組織は崩壊します。東電も必ず同じ道をたどるでしょう。

●ブツ（溶融した核燃料）が現在どこにあるのかを、まず確認しなければならない

具体的な提案として、まずはメルトダウンしたブツが、あの建物の中にとどまっているのか。コンクリートの中にあるのか。あるいはその下には半凝結した砂の層がありますが、コンクリートを抜けて、その砂の層に入っているのか。放っておくと下に落ちていくわけですが、このことをまず調べなければなりません。そして、1～3号機の具体的な収束に向けた提案を早急に行なう必要があります。

結論を先に言いましょう。下に落ちてしまったら（半凝結した砂の層に入っていたら）、石棺にして上から覆って埋めるしかありません。中のもの（ブツ）を取り出すことは不可能です。

ここで、決断が必要になります。政治的決断です。決断したら、あとは爆発を防ぐために酸素がない条件を作り、放射性物質が出てくるのを吸着できる物質を中に詰めます。場合によっ

ては、冷却するためのパイプを通してヘリウムで外から冷やすことも必要になるかも知れません。最後に煙突をつけ、排気します。この場合、どれくらい放射性物質が入っているかをモニターできる装置を設置し、数値をしっかりと監視しなければなりません。これがまず基本です。

●事故の様相は、もう原子学物理や物理工学の範囲を超えている

問題は、落ちているブツ。溶融した核燃料です。直径は、最大三メートルくらいはあるかも知れません。酸化物です。温度は二八〇〇℃まで上昇します。鉄の釜は一五〇〇℃で溶ける。温度を考えると釜の底が抜けるのは当たり前です。その次は土台になっているコンクリート。コンクリート融点は六〇〇℃程度。つまり、これらを融かして、さらに下へと落ちていくことを計算に入れなければなりません。

同時に、**いまどこまで達しているのか、どこにとどまっているのか、そしてどこまで行こうとしているのかを物理探査できちんと観察する。いずれにしてもブツの現在地の確認が急務になります。**

現状を把握した上で、計画を前進させるわけですが、鉄の釜からブツが漏れたらあとは、原子学物理や物理工学の人では役に立ちません。すでに原子力の専門家がフォローできる専門分

野の外に局面は変化しているのです。そこからあとは地質とマグマ（ブツ＝溶融した燃料）の問題になります。マグマがどうなるのか。ものすごく温度が高いので、その過程で出会う石や砂は八〇〇℃で溶けます。融けたらそれに放射性物質がどのように混じっていくのか。**ブツは密度が一〇。（水の密度は一、石の密度は三くらい）とても重いものです。しかも高熱のために下へ下へと落ちていきます。**ただサイズの問題があります。直径が三メートルくらいなのか。非常に小さければたいしたことはありません。落ちる速度も遅い。まずはそれをきちん確認しなければなりません。そのための調査を確実に行い、位置、サイズ、性質、温度などを把握し、判定する。そして、1～3号機の処理に関する提案を早急に出さなければならないのです。

この段階で働く人は、少なくとも原子炉関連の学者や物理学者ではありません。地質とマグマの専門家でなければなりません。マグマの混合などの専門知識が必要になります。周りが温められると、そこから蒸気がたくさん出てきます。水を含んだ鉱物が不安定になります。そして水蒸気を出し、無水の鉱物に変わる。このようなメカニズムを研究している専門家を集めることが求められます。早急にチームを作って工程表を作り直し、そして前に進まなければならないのです。

深刻な問題は、高レベル廃棄物がますます増えていくことです。これをどうするのか、実はどの国も決断していません。これを将来どうするのか。長期的なビジョンを作らなければなり

ません。同時に、矛盾するかも知れませんが、短期的な対応を的確にこなしながら、前へ進めなければなりません。これは日本という国を超えたグローバルな国際社会における問題になっています。

今回の事故は、大変な悲劇です。しかし、この悲劇を未来に向けて、うまく役に立つものとして転換するように工夫しなければなりません。高度成長時代にいわゆる公害が大きな社会問題になりました。水銀の汚染などが代表的ですが、苦い悲劇を私たちは経験しています。しかし、いまやそれらに対応する技術が、開発途上国などへ輸出できる環境ビジネスになっています。今回の悲劇も、世界が役立つものに転換していく方向性、そのようなビジョンを持つことも必要だと思います。

●マスコミが伝えようとしなかった真実

マスコミの方も来られていると思いますが、少し苦言を呈したいと思います。ここはそのような場でもあると思いますので、お許し願いたい。爆発があった三日間というのは最も大事なときでした。大手のマスコミ、テレビ、あらゆるメディアは「大気中の放射能はたいした量ではありません」というベースで報道していました。つまり、そこに強制的にいろ、そこにとどまっていろ、という論理を使った。これは間違いです。近未来、明日何が起きるかという最悪の事態を想定して、報道しなければなりません。

最初の三日間、大気中の放射能の状況はどうであったのか。グラフを見る限り東京はたいしたことはないと読んだのでしょうか。しかし、それは間違っています。大気にあれば一ミクロンのようなものでも、その中には億を超える陽子や中性子があります。そこから出てくる放射線、これは口や鼻に入ると非常に困ります。だから、少ないから大丈夫だというのは間違っているのです。問題は、それが目に見えない雪のように降ってくることにあります。

コンクリートの上に積もる。風が吹くと吹き溜まりになり、極端に濃縮された集まりができます。場合によっては、ほかの場所より一万倍を超える濃度を示すこともあります。公園の滑り台で遊ぶ。木製の手すりに手をかけ滑り落ちる。すると放射線を手でかき集めることになる。小さな子供は指をしゃぶります。それが口に入る……。

ニュースで伝えなければいけないのは、「いま大気の濃度はこれくらいです。しかし、東京でも公園のような特殊な場所、とくに滑り台の手すりは危険です」と言わなければなりません。コンクリートの上でも降ったものが吹き溜まりになっているような場所、落ち葉が集まっているようなところ、これらは、とんでもなく危険であることを、一時間ごとに繰り返し報じるべ

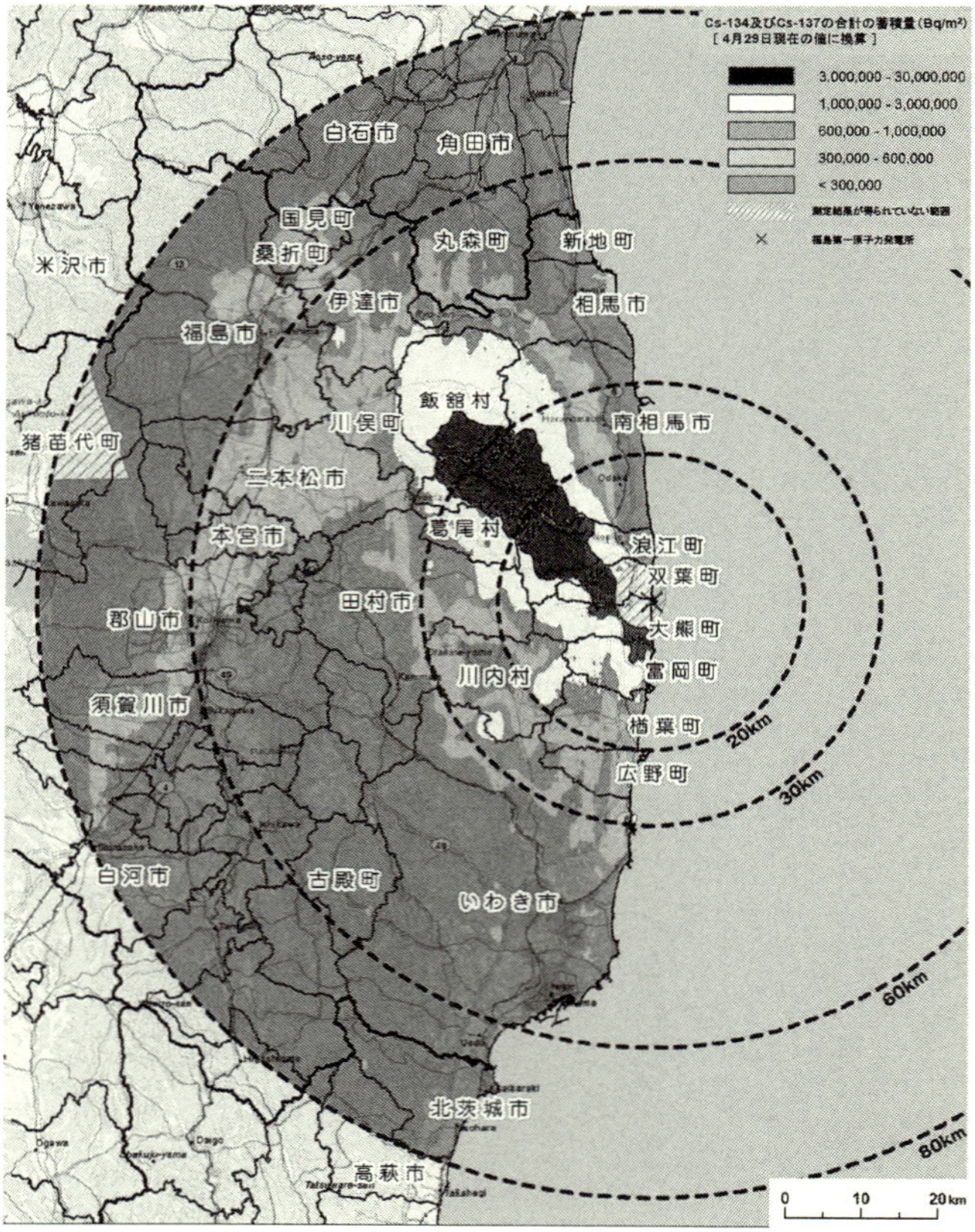

図4－1　福島第一原発の周辺80キロメートルの汚染状況

地図を見ると放射線量の分布は、同心円状に広がっていないことが分かる。高い数値は福島第一原発から北西に広がっている。一部は避難指定区域（半径20キロメートル圏内）の外に伸びている。また、避難指示区域内でも、放射線量が大きく異なっているのが分かる。ある時期北西の風に乗って広がったと考えられる。（『ニュートン』11年7月号参考）

きであったと思います。そのことをやらなかった。これはマスコミの責任だと思います。

現在でも、雨が降ると減ると言っていますが、いまどこにどれだけの放射能があるのかという追跡調査が必要です。外に出たとき、どこを歩いていいのか。測定する場合には、どこを測るのか。池の中を測るのか、道を測るのか。測りようによって、いろいろな数値が出てきます。いちばん大事なことは、最大蓄積地。つまり、しつこく残る場所はどこかということ。どこに最大蓄積地があるのかを調べることが最も重要です。

●政府は未来が見えない呑気な計画を進めている

問題の炉心溶融の話に戻ります。冷却できずに空焚きになると、炉心の温度はあっという間に二〇〇〇℃以上に上昇します。燃料棒を覆うジルコニウムは一九〇〇℃を超えると融け始める。そして、大量の放射性物質が圧力容器に充満します。燃料の酸化ウランの棒が溶けると融点の二八〇〇℃まで上昇します。釜（鉄）の融点は一五〇〇℃。だから必ず抜けるのです。実際にはそうならないように安全装置がセットされています。「非常用炉心冷却系」がそれですが、電源が絶たれたり冷却系が破損すると機能しなくなる。津波によって、安全装置がアウトになり、冷却機能が失われたのです。

津波がやってきて予備電源が絶たれます。溶けた燃料は、二重の鉄の壁（圧力容器、格納容器）を破ると、次はコンクリートの基盤の上へ。これを破ると半凝結の砂に落ちます。

炉心溶融について三つのポイントをまとめてみます。


【炉心溶融】

1. 冷却できないと数分で炉心は二〇〇〇℃以上に達する
2. 燃料棒を覆う酸化ジルコニウムの融点（一九〇〇℃）を越えるので大量の放射性物質が圧力容器内に漏れ出す
3. 燃料の酸化ウラン棒が溶けると（融点＝二八〇〇℃）、容器（鉄の融点は一五〇〇℃）の底を破って圧力容器が破損する

つまり、1～3の時点でベントを行えばよかった。圧力を抜けばよかったのですが、これが遅すぎました。ベントは大気汚染もやむなしの行為ですが、すべてが後手後手に回ってしまったのです。

現在、窒素や水で冷やそうとしていますが、政府は未来が見えない呑気な計画に頼っています。チェルノブイリと似ていますが、大気に出た放射能はチェルノブイリの一割ほど。といっ

ても、史上最悪の事故であることに変わりません。冷却を数か月以内にすると言いますが、そのあとはどうするのでしょうか。**われわれから見ると、彼等は、冷やしたあとに、火箸みたいなもので掴んで処理施設へ運ぶイメージを持っているようですが、これにはものすごくおカネがかかり、しかも取り出して青森県六ヶ所村（処理施設）に運ぶことは絶対に不可能です。**

●コストがかかりすぎる政府案。費用の大小は〝除染〟が大きく関係している

事故対策の費用は国の経済を圧迫します。（図4―2「原発事故対策費は国の予算を圧迫する」）。かかる費用をざっと見積もると、いまの政府案が①。佐藤暁氏（第三章　参照）の提案が②、われわれの提案する処理法は③。③を中心にお話しします。

グラフを見ていただくと分かるように、かかるコストがまるで違います。どんどん水をかけて汚染を広げると、どれだけおカネがかかるか知れません。汚染水の問題も広がります。フランスにはボランティアでタダでやれというのも一つの案。これは冗談ですが、政治家の腕が問われていることは間違いありません。日本の昨年（二〇年度）の税収は三八兆円。それを越えるくらいの案になっています。しかも、二〇年、三〇年のオーダーです。いちばん安く、そしてスピーディに収束させる方法は何か。それは、その場で石棺して、埋めることです。

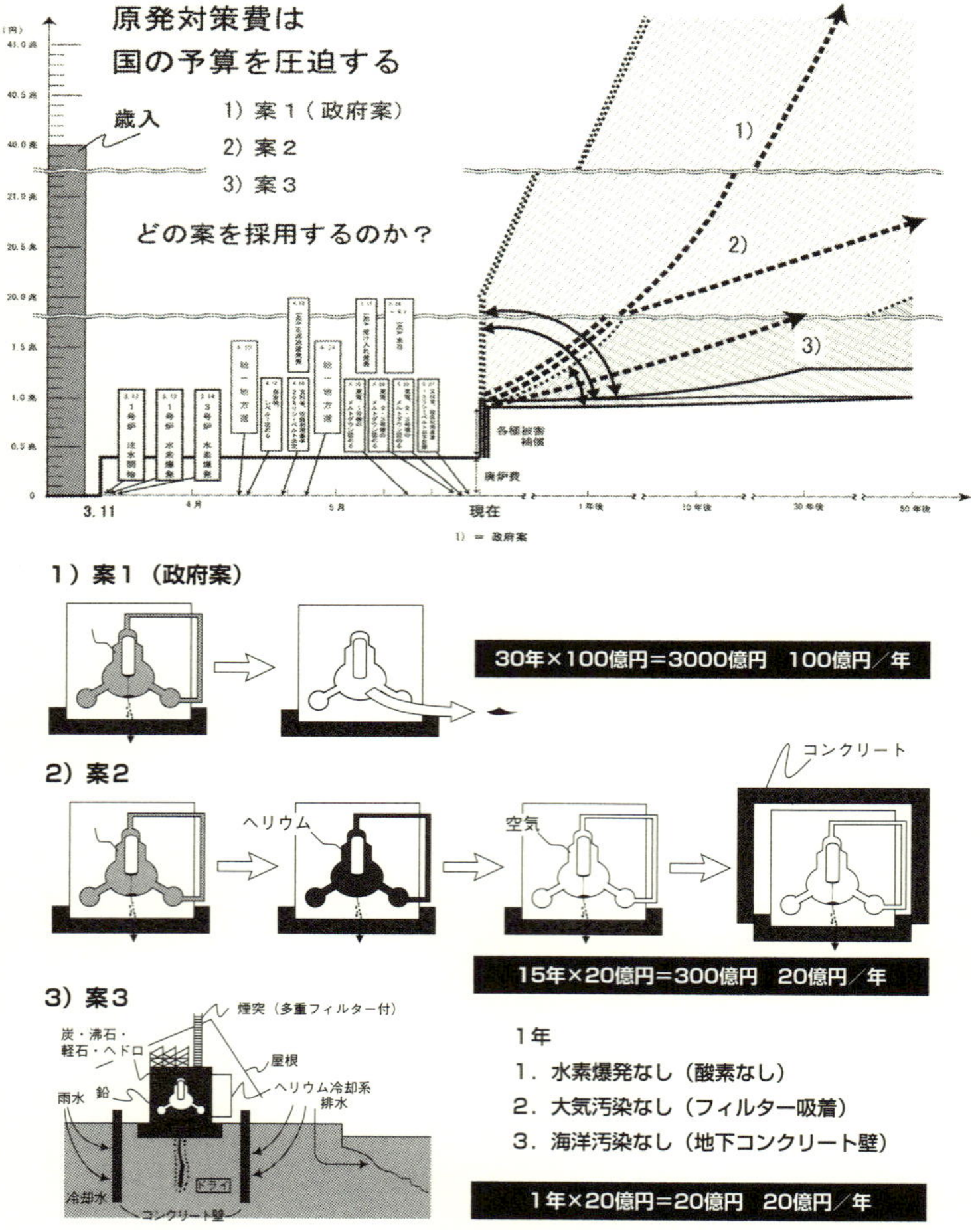

政府案はコストがかかりすぎる。政府案は少なくとも年間100億円以上かかる。30年で3000億円である。だが、コストの大小は、汚染水を含めた除染が大きく関係してくる。土などの各種除染、高レベル廃棄物の処理。また、保障費（農業、牧畜、林業、漁業、家屋、不動産・移転、会社、外国の保障）となると想像がつかない。年間の維持管理費も考慮に入れなければならない。わが国の税収は約40兆円だが、はるかに超えてしまうだろう。

以下、費用の積算の根拠を示しておく。

1．原子炉廃炉予算（除染、高レベル廃棄物）＝4000億円〜20兆円以上
2．保障費（農業、牧畜、林業、漁業、家屋、不動産・移転、会社、外国の保障など）＝4000〜5000億円（年間）
3．維持計測管理費＝20〜110億円（年間）

図4－2　原発事故対策費は国の財政を圧迫する

①の政府案は、このままでは一年で一〇〇億円かかります。平均をとって五年かかる。**われわれの案は、ヘリウムを入れること。水の代わりにヘリウムで冷却するのです。そうすれば、水による海洋汚染、大気の汚染を防ぐことができます。**しかし最後は、コンクリートで包んでその場で葬り去るしかありません。この工程は二〇～三〇年かかります。

費用が大きくなるか、小さくなるかは、除染が大きく関係します。これをどのような方法で行うかが、ポイントです。政府案は、とにかくおカネがかかり過ぎます。これでは国費を圧迫します。そうでなくとも日本の財政は危機的状況にあるのです。

●3・11の地震、津波は想定内

チェルノブイリとスリーマイル島の教訓を学んでいれば、初期の対応を間違えなかったはずです。福島はなぜ、石棺化をやらなかったのか。大気と海洋汚染をどこまで続けるつもりなのか。これは国家財産の喪失、財政を圧迫することと直結しています。

そもそも外国から見ると、日本というのは原発を作ってはいけない場所に位置しています。最悪の立地条件といっていい。**原発を作ってはいけない理由を外国ではどのように考えているか。トップは、「地震が起こる場所」です。地震が起こるということは津波の発生も織り込む**

ことも意味しています。諸外国は、このような危険な場所に原発は作りません。それから「雨がたくさん降る場所」にも原発を作るべきではありません。だから、外国から見たら日本が原発をたくさん持っていること自体、異様に映るのです。その危惧が、今回現実になったと考えていい。脱原発を宣言したドイツはもともと地震がくるような場所ではありません。原発を持つ他の国々でも、地震や大量に雨が降る場所には原発を作りません。地震と水は原発にとってタブーなのです。

にもかかわらず日本には五四基もある。だから、外国以上の安全システムが必要になるのです。しかしそのことを忘れていた。予想どおりに地震と津波が原因で事故が発生しました。これは歴史的必然、つまり想定内だったのです。今回、もしまぬがれていても必ず地震はやってくるはずです。では、長期的にどうしたらいいのか。原発を廃止することは、すぐにはできません。一〇〇年オーダーで考えるべきでしょう。また、新しいエネルギーの技術の開発を同時にやらなければなりません。

●放射性物質が地下に漏れているのは確実

結論を言いましょう。最初から「その場で石棺」をやるしかないということです。なぜなら、放射性物質は、もうすでに下に漏れている。コンクリートが割れているかどうかは不明です。しかし、漏れているのは確実です。なぜなら、地下一階の水が減っているからです。例えば、雨が降ると半凝結の砂というのは、砂の粒と粒の間から水が抜けていく。砂場に水をかけるようなものです。下に漏れていくので、陸に降った雨はかならずここを通り抜けて太平洋に出る。これは一方通行で、海から海水が入ってくることはありません。放射能汚染水もまった同じです。だから必ず外洋汚染が発生します。

これを回避するには、そんなにおカネはかかりません。地下に漏れ出た汚染水を遮断することです。深さ四〇メートルくらいの厚さ二～三メートルのコンクリートの枠で囲うのです。このことをやらなければなりません。

●より具体的な提案

われわれが考えたのは制御棒の導入です。これは中性子の吸収体で、再臨界を防ぎます。水素爆発を防ぐためには、酸素がない環境を作る必要があります。爆発はマグマの火山の爆発と同じです。爆発を防ぐためには、施設を開放系にしなければなりません。もう一つは、水蒸気が運ぶ放射性物質を吸収する資材を入れること。水が不足するともうもうと水蒸気が出てきま

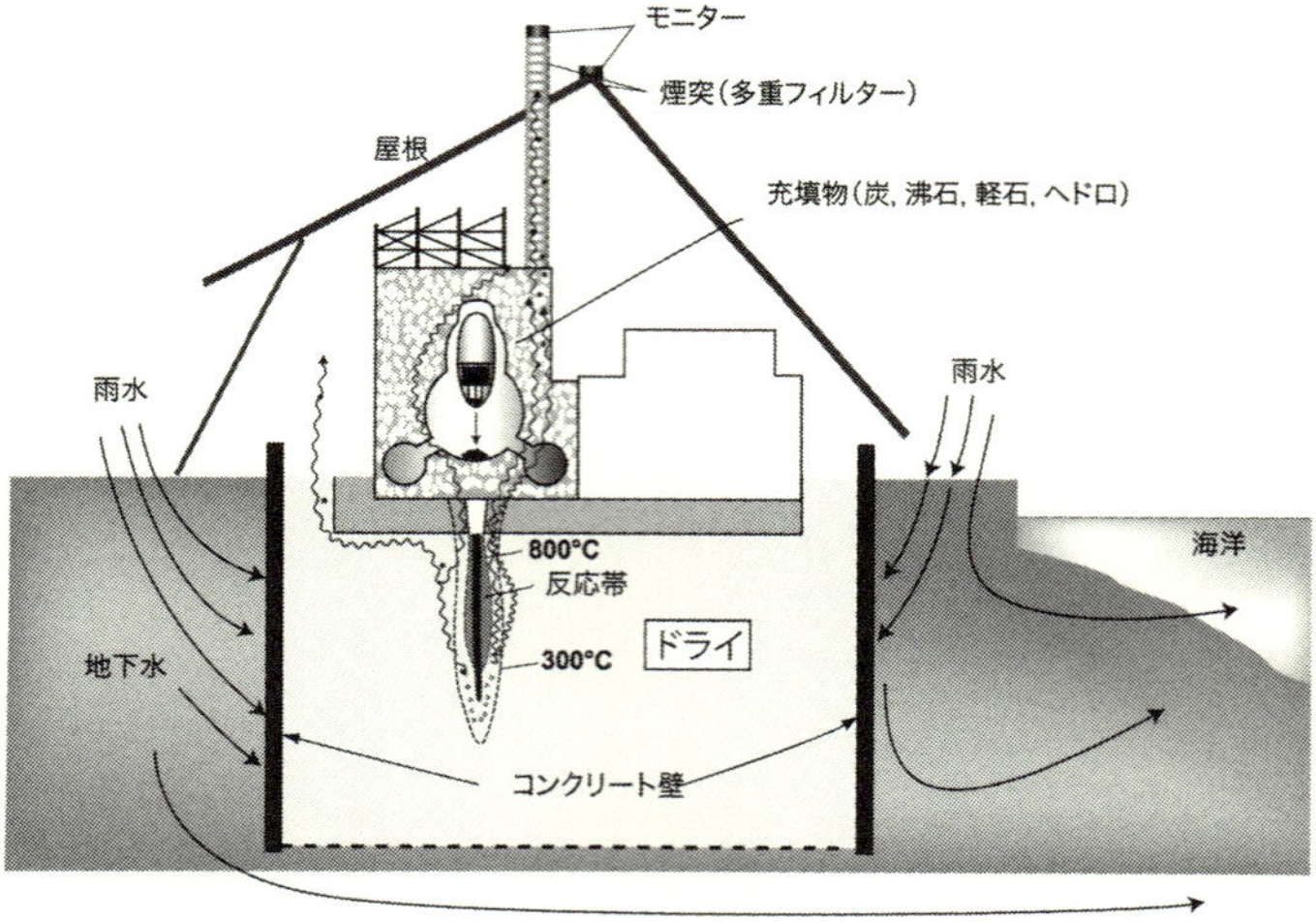

図4－3　冷温密封（一部開放）システム

原子炉とそれに付随するものを、屋根と壁で覆い雨風を防ぐとともに放射性物質が外部への影響を防ぐ。地下はコンクリートで囲う。つまり、建屋とその地下を丸ごと全部長方形のワクで囲う。こうすることで、放射能の外部放出はもちろん、海に漏れ出す危険がある地下や地下水への汚染を防ぐ。建屋の上部に煙突を設ける。そこに、多重フィルターを順次取り替えながら放射性物質を取り除く煙突の最上部にモニターを設置し、どれくらい放射性物質が放出されているかを測定する。

す。その水蒸気によって放射性物質が運ばれます。これを防ぐために、放射性物質を吸着する資材を用いるのです。

同時に放射線を遮断します。電磁波であるα線、β線、γ線は、太陽からくる光のようなもの。これにある一定時間さらされると人間は死にます。これを遮断しなければなりません。重要なのは、地下に漏れた放射性物質を地下水から隔離すること。これらを同時に遮断するために、コンクリートの壁で囲みます。これが石棺化です。

煙突内部につける高品位フィルターの開発が必要です。場合によっては、あらかじめ鉄のパイプを入れてヘリウムを冷やす、つまり、液体ヘリウムを使うことも考えられます。

（図4―3　冷温密封（一部開放）システム）

●物理探査で確かなことが判明する

建屋の上には覆いをつけます。屋根のようなもので、雨などを防ぎます。1号機を例にとると、私は、溶けた燃料は、漏れたとしてもまだコンクリートの中にあるのではないかと予想しています。時間が経過すると下に落ちるかも知れない。そういう場合も想定しなければなりません。しかし、**いま必要なのは、ブツ（溶けた燃料）がどこまでできているか。これは、物理探**

査をすればすぐに分かります。これをなぜしないのか不思議でなりません。問題の中心になっているものを見ようとしないのです。

場所が特定できたら、その隙間に充填物（炭、沸石、軽石、ヘドロ）など、酸素をなくするものを混ぜ入れます。しかし、中心は二八〇〇何℃まで温度が上昇している。当然、周囲は暖まり、水蒸気が出ています。その場所の上に煙突を付けます。放射能は、放射性物質を吸着する資材で吸着されますが、フォローし切れなかったものは多重フィルターでカバーします。ここで水や泡を除去するのです。煙突の最上部にモニターを設置し、どれくらい放射性物質が放出されているかを測定します。多重フィルターを順次取替えながら放射性物質を取り除くのです。最初申し上げた、周りをコンクリートで囲むということですが、言葉を換えると建屋とその地下を丸ごと全部長方形のワクで囲うということ。つまり、放射能の外部放出はもちろん、海に漏れ出す危険がある地下や地下水への汚染を防ぐのが目的です。これが基本的な考え方です。

●やるべきことは、まずは現状の把握

まず、やるべきことは現状の把握です。私は、コンクリートの基盤の上にきたブッ（溶けた燃料）は、一部は基盤の中に漏れて行ったが、まだ砂岩層までには達していないのではないかと

推測しています。ただ、もう一方ではこの基盤が割れて、汚染水が地下に漏れていることを想定する必要もあります。地下水に入り込む可能性もあります。この状態を理解することが何よりも重要です。

1～3号機のブツ（溶けた燃料）がどこまできているかを調べるには、どのような方法があるのか。考えられる方法の一つが、弾性波探査です。とんとんと地面を叩く。叩いた音の波を受ける。その波を使って場所を調べる。もう一つは電気伝導度探査（電気伝導や電磁波を使って地下の状態をプロファイルする）です。この二つの探査法を組み合わせると現在の1～3号機から漏れ出たブツがどこまできているのかが分かります。サイズもおそらく判明するでしょう。

●おカネだけが飛んで行く政府のやり方。そして、汚染水は処理できない

いろいろな人がさまざま計算をしています。大きなメルト（ブツ）がコンクリートの中にどれくらいの速度で落ちるのか、また、どれくらいの時間が経つと地下にどれほど落ちるのかという計算です。大雑把に計算結果を検討すると、ブツの形が見えてきます。半径は一三メートルくらいに膨らみます。もとが一～二メートルのものでも、温度がものすごく高い。この場合、下に落ちる際に周りのものを溶かし、それらをくっつけて落ちて行きます。雪だるまのように

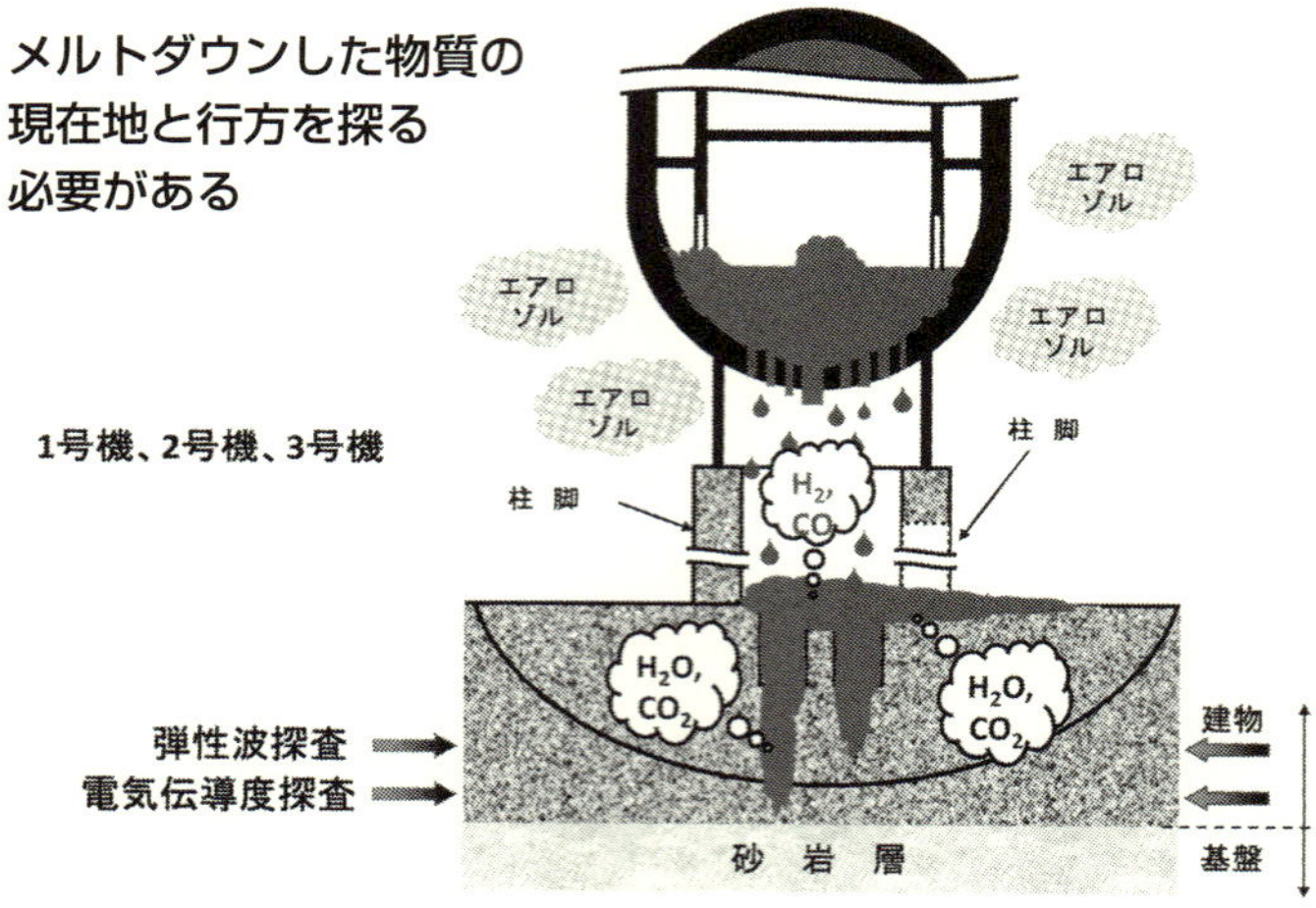

図4－4

メルトダウンによって、１～３号機の溶けた燃料がどこまできているかを調べる必要がある。それには、弾性波探査と、電気伝導度探査（電気伝導や電磁波を使って地下の状態をプロファイルする）の二つの方法がある。これら二つの探査法を組み合わせると現在の１～３号機から漏れ出た溶融した燃料がどの位置にあるのか、また、サイズもおそらく判明する。政府、東電は溶けた燃料が格納容器の底に溜まっている（抜け落ちていない）と発表している。だが、その根拠は示されていない。

溶融体は太っていくわけです。密度は一〇ですが、周りのものは密度が三くらい。そのため、全体の密度はどんどん小さくなっていく。時間の経過を伴いながら落ちる速度は次第ににぶくなっていきます。

計算の結果によると、コンクリートの一四メートルの厚さを突き破ることはないだろうというのが、いまの大まかな知見です。だが、これはもう少し細かく計算する必要があります。周りが溶けてどういう状態になるのか。粘性なのかどうか。やらなければならないことはたくさんあります。いずれにしても今の政府のやり方だと、とにかくおカネだけがどんどん飛んで行く。しかも、最後に上手くやれるのかというと、水を注入している限り、海洋汚染は止まらないし、かかるコストも膨大になっていきます。

●この悲劇をプラスに変える戦略が必要

「その場石棺化」というのが結論です。この場合は吸着剤を研究しなければなりません。いますでに想定できるものがいくつかありますが、酸素をなくす還元剤の研究も必要です。また、中性子吸収体の研究、煙突の内部に入れるフィルター（膜）の研究も欠かせません。民間の会社では、泥水を真水に変えたり、微生物だけを除去したり、また、イオンなどの小さなものを除去する技術など、目覚しい進歩を遂げています。

私が言いたいのは、**「この悲劇をプラスに変える戦略」が必要だということ。このような研究を系統的に進めながら、放射性廃棄物の処理問題に対応する新たな技術を開発する必要があります。現在は、ガラス化というのが主流です。ブツが下に落ちていくとき、周りを溶かしていきますが、そのときに、ウランなどを結晶の中に取り込めるような素材を組み込んでおく。そうすると冷えたときに、全部が結晶になります。それを、ガラスのように固めれば放射線も閉じ込めることができます。最後にそれを、一箇所に集め、半永久的に管理します。**

政治家は決断しなければなりません。「悲劇をプラスに変える戦略」は、問題の解決ばかりではなく、将来のビジネスにもリンクしています。この悲劇をビジネスに変える知恵を生み出して、そうしてこれを日本の産業の一部にしていく。このような発想が必要なのではないでしょうか。

●世界共通の課題になる高レベルの核廃棄物の処理問題

高レベルの核廃棄物の処理問題については、できればみんな避けたいと思っている。政治家も在任期間中には積極的には関わりたくない。結局は、それで後回しにしてきたのですが、気づいたら手持ちの爆弾が増えすぎて困っている。いつ暴発するかも知れない危険な状況になっている。これが全世界で起きている高レベルの廃棄物処理問題です。

ドイツは脱原発を宣言しましたが、廃棄物の問題は残っています。これは日本に限らず全世界共通の問題です。とりわけ地震や自然災害の多い日本は危険地帯です。国内でこの問題を研究して、世界に発言できるようになるべきです。そのためには、ちゃんとした組織を立ち上げ、その技術を完成させることが必要になります。

最終的にどこに投棄するのか。これは私の案ですが、国際的な理解と協力のもとに、地震や津波、洪水などがなく、人が住んでいないところを探し、国際共同研究施設管理のもとに置く案も検討すべきでしょう。例えばどこの国にも属していない南極大陸（南極条約がありかなり難しいのですが）。南極には地震がありません。あるいは、人の住まないシベリアのある地域など、考えてみる必要があるかも知れません。

●維新と戦後。それと同程度か、あるいはそれ以上の政治の大転換が必要

原発に代わる新エネルギー革命が必要です。しかし、一〇〇〇万個のソーラーパネルというような非現実的な提案がありますが、ソーラーパネルを作るのにどれだけ化石燃料が消費され

るか。耐用年数も二〇年。政府が巨額の余分なおカネを足してやらないと誰も買いません。**過去に日本が太陽光発電に力を入れ、それを放棄した原因ははっきりしています。採算が合わなかったのです。**

ドイツの事情はちょっと違う。石油の値段がどんどん上がるからです。バレル当たり一〇〇ドルを超える、それが二〇〇までいく。そうすると石油に比べて、相対的に採算がとれるという考え方が背景にあります。

地球上の生物は、太陽エネルギーの一%しか使用していません。これで地球生態系ができています。頂点に人間がいます。

太陽光を電気に代えるというだけの発想では行き詰まります。太陽のエネルギーをレーザーに使うとか、あるいはマグネシウムを利用する。レーザーを上手く組み合わせ水に当てると自動的に水素と酸素に分解します。その水素を取り出して自動車に使うなど、いろいろな試みがあっていいのです。

石油の問題ですが、藻類というのは、自分で石油を作ることができます。数万種類の藻類がありますが、賢い藻類、つまり石油をたくさん生産できるものを選んで人口石油を作ることも可能です。

今回の事故を、評論家の堺屋太一氏などは「第三の敗戦」と捉えています。明治維新、太平洋戦争の敗戦。そして、福島第一原発事故が三度目の敗戦だと言います。私は少し違った見方をしています。というのは、今回の事故は前の二つの歴史出来事とは決定的な違いがあるからです。地震、津波、原発、これを乗り越えるにはどうすればいいかという問題がありますが、**明治維新と戦後は、外国からの圧力や強制によって、政治のトップが入れ替わったことにあります。今回はトップが入れ替わっていません。だから大変危惧しています。このままだと、復旧、復興は失敗するのではないかと思います。維新と戦後と同程度か、あるいはそれ以上の政治の大転換が必要だと考えています。**

3　質疑応答

〈質問1〉この勉強会の第一回から出席させていただいています。講師の方々のおっしゃる通りに事態は進んでおり、驚いています。政府や東電は、その都度ウソをつき、結局こちらの分析どおりの結果に、変更、訂正している。どうしてこのようにもたついているのでしょうか。

丸山　いくら時間をかけても、石棺化は避けては通れません。問題はそれをいかに早くするか。一方で、ブツがどこにあるのかの検証をしていない。物理探査は、そんなに難しいものではなく、建物を建てるときなどごく普通に行われています。考古学でも地下に文化財が埋まっているときにも、このような検査をします。地下に囲いを設ける技術はダム工事などで日本にとってはお手のもの。日本にはすぐれたテクノロジーがたくさんあります。**重大事に、なぜこんなにもじっとしているのか、私には理解できません。おそらく決断ができないのだと思います。政治から決断を除くと何も残りません。もし残るものがあるとすれば、それは未解決の問題として残るだけです。**

〈質問2〉東電、政府、保安院などはメルトダウンという事実をなぜ隠していたのでしょうか。それとも、二か月経つまで、まったく知らなかったのでしょうか。それと、溶けた燃料は地下のどれほどまでに落ちるのか。もう一つ、ソーラーパネルの工場を見学したことがあります。メンテナンスが大変そうですが、ソーラーパネルについて先生の意見を聞かせてください。

丸山　東電は知っていたのか、知らなかったのかという質問ですが、彼らが発表したコメントを細かく読んでいくと、知っていたと思います。原子炉の事業に携わっているならば、空焚きを一時間したらメルトダウンするのは常識です。これは学部の学生でもみんな知っています。それをなぜ二か月後に東電は発表したのか。ある測定で分かったと言っていますが、いつ測ったものなのでしょうか。中の温度は二五〇〇℃くらい。このような温度になるということは、何が起こっているのか。これが分からないはずはありません。水の沸点は一〇〇℃です。溶融以外にありません。もう知っていたわけです。この温度は、あとで測定したわけではありません。そのときに分かっていたはずです。ですからみんな確信犯と言えます。

東電の悪口ではないのですが組織というのは必ずそうなります。東電のように大きな事故が起きると自分の社員だけの問題ではなく、日本国民、あるいは全世界に迷惑がかかるような組織のリーダーが、人文社会系の人というのがまず問題です。経済至上主義でそのような方針になったとしても、**非常事態が起きたら、一分以内に現場の責任者に一〇〇%方向を任せなければなりません。このようなシステムができていなければならない。会社のトップや国にお伺いをたてているうちに、手遅れになってしまったのです。もう一方で、組織そのものの体質があります。東電が最初に設立されたときには、期待されている社会的責任を果たすべく役割を自覚していたと思います。しかし、時間がたつと人々は、組織を構成する構成員一人ひとりの内向きな幸福と安定を求め始めます。それには組織が安泰であることが前提になります。これは必然です。このとき組織は組織として「死に体」になり、何の機能も果たせなくなります。**

二つ目の質問の、何メートル下に落ちているかということですが、これには、もっと本格的な研究が必要になります。大雑把な計算では、一〇〜二〇メートル下でとどまるだろうと推定されています。周りをどんどん溶かして下へと進むので、体積が数百倍に膨らみます。そうすると熱自体も下がり、内容も薄まります。密度が小さくなります。厳密にはもう少しちゃんと計算する必要があります。

ソーラーパネルについてですが、机上の空論だと思います。世の中はそれだけでは動いていきません。もっと総合的に考える必要があります。石英や水晶をご覧になったことがあると思います。シリコンと酸素というのは強力な結合力があります。これをはがすにはものすごく大きなエネルギーが必要になります。シリコンのパネル作りというのは、石油などのエネルギーを使ってパネルのシリコンを作ります。それにどのくらいのおカネがかかるかの計算がない。寿命も短い。経済はすべてが総体ですから、石油の値段がものすごいペースで上がり、バレル当たり一五〇〜二〇〇ドルになると、採算が合うのかも知れません。それはさておき、電力は、国の産業を大きく動かすエネルギーとして考えなければなりません。石油以外にも石炭、天然ガスなどの発電能力をトータルで考えたときに、いまの太陽光発電は、あまりにも脆弱すぎるのです。

〈質問3〉放射能の最大蓄積量の測定方法を教えてください。どこの地面を測ったらいいのでしょうか。

丸山　これは緊急にやらなければなりません。方法は単純です。どこが吹き溜まりになっているか。落ち葉が吹き溜まっている、あるいはコンクリートの上で渦巻状になって溜まっている場所はどこか。雨が降ったときにどういう形で水が抜けていくのか。田舎にはよく池があります。一方的に雨水が溜まる池なのか。水の入り口と出口があるかないか。水が入る量と出ていく量が多いか少ないか。また、その速度が速いか遅いか。自然で起きている現象を見ればどこがいちばん危ないかが分かります。吹き溜まり、雨水が流れずにとどまるところ。これらが放射能が集まっている場所です。そこで測ります。

広い地域を調べる場合は、しっかりとしたリーダーが、的確な指示を出し、人海戦術で測定すれば瞬時にできます。残念なことに現在のところでは一般の人が自分の国は自分で守るしかないと思い、政治家、あるいはマスコミの言うことと反対のことをやろうとしているようにも見えます。悪い言い方をすると巨額のおカネが渡っている御用学者が、政府の意に沿うように、もうたいしたことはありませんとしか言わないので、その反対が正しいと感覚的に思ってしまうのかもしれません。そういう形にならないように、国民にとって何がいちばん大事かということを念頭に置いて、予算の使い方を政府に考えていただきたいものです。それがいちばん大事なことだと思います。

〈質問4〉石棺化でどれくらいコストが下がりますか。

丸山　石棺化というのは、基本的には、もう水をかけないということです。水をかけたり、汚染された水の浄化のために発生する費用がゼロになるということです。だから、その分のコストが下がります。あとは維持管理費。年間一〇～二〇億円くらいでしょうか。

〈質問5〉なぜ、石棺化が検討の対象に上らないのでしょうか。

丸山　分かりません。われわれの石棺化案も大学に提出しました。しかし、「お預かりしました」というだけで、あとはなしのつぶてです。私も一応それで社会的義務は果たしたと、むなしく自分を納得させておりますが、みなさんの前で、改めて概略をお話できたことをうれしく思っています。

4　私自身のまとめ

丸山先生のおっしゃっている「石棺化」は、私が提案している「冷温密封（cold completely sealed)」とまったく同じものである。原発事故対応の三原則である「停める、冷やす、閉じ込める」。三つ目の、「閉じ込める」を最優先する考え方である。いつかそれをしなければならない。早いか、遅いかの違いなのである。このまま水に頼ったやり方を続けていれば、被害はさらに拡大し、コストも膨大になる。

事故後の六月二七日に行われた菅首相の時期外れ内閣改造で、首相補佐官から昇格した細野豪志原発事故担当大臣。いわば事故対応の司令官だが、彼は原発に関してはまったくの素人である。多くを期待するのは無理だろう。

原子炉を実際に作ったのは東芝と日立である。だが、これらの社員（技術者）はいつ呼ばれてもOKと待機しているのだが、誰にも声がかからない。原子力委員会のキャップまで務めた石川先生を含めた優秀な専門家も無視されたままだ。簡単にいうといまの司令塔はまったく体をなしてないのである。

対策の中心となるべき会議には、原子力の専門家が一人も入っていない。また、良心的な科学者や原研のＯＢが意見を述べても、完全に握りつぶされるのが実情なのだ。科学者の人たちは知恵を出せと言ってくれたら、いくらでも出すのである。ところがその受け皿がない。すぐれた知見を検討しようともしないのである。

もっと困るのは東電がビッグなクライアントになっていることだ。そのため、顧客である東芝や日立は直言できない。その上にくだらない保安院がいるから、保安院に気兼ねしてみんな本当のことを言わないのである。これが現実なのだ。

汚染水一トンにつき二億円のコストだとすると、いま一〇万トンで二〇兆円。年度末まで二〇万トンだと四〇兆円。使用済み燃料棒が三四四六本あるが、青森六ヶ所村が完全に満杯になっている。原型をとどめている燃料棒と、壊れた燃料棒をどこにもっていくのか。先生が言われたようにメルトダウンして、格納容器を突き抜けてその下に溜まった酸化ウランを取り除く作業も大変である。最終的には廃炉（コンクリートで埋める）にするのだが、いまのままでちんたらやっていると、1〜4号機は概算で一〇〇兆円かかる。国が破産状態なのに、冷温停止さえおぼつかない。一〜二年を費やすと、莫大な費用がかかってしまう。一〇〇〇兆円もの借金で赤字国債の糊しろはもうほとんどないのである。

原発事故の最終処理を見通し、可及的速やかに適切な原発事故対応を実行しなければ国家は破綻する。政治が決断を下さなければ、事態は前進しないのである。

第五章　事故収束の終着点と被災地の放射能汚染の現実

～第四回原発対策国民会議（二〇一一年七月六日）

1　どこを見据えて進めるのか。国が早急にやるべきことは何か

三月一一日～一二日にはメルトダウンが起こっていた。水棺化が不可能であるにもかかわらず東電、保安院は、水棺化ができると二か月以上ウソをついてきた。東電が事故収束に向けた工程表を発表して七月一七日で三か月が経過した。ステップ1の達成期限を迎えたが、原子炉の安定冷却のための放射能汚染水の浄化処理施設では、不具合が続出。循環冷却システムもトラブル続きである。だが、首相は目標はほぼ達成し、一〇月から来年一月までの実現を目指すステップ2の前倒しを表明している。ばかな話だ。困難な作業を後回しにしているだけで、避難住民の帰宅のめどすら立っていない。最終的な着地点は何も見えていないのである。

松浦先生には、「事故収束に至る基本的技術課題」、とくに中長期、最終的な着地点は何か。また、どのような地点を目指して進めるのかをお話していただく。田中先生は、ボランティアベースで現地で除染活動を行っている。感謝してもしきれない。本来は国が早急にやるべきなのである。現地の放射能の状況はどのようになっているのか、また住民はどのような問題を抱えているのか、帰宅して本来の生活に戻るためには何が必要なのかをリアルな視点でお話いただく。

2 「事故収束に至る基本的技術課題」
——中長期的視点、最終段階のイメージが重要

【松浦《まつうら》　祥次郎《しょうじろう》】

一九六一年旧日本原子力研究所職員。同東海研究所において軽水型原子炉の研究に従事。同東海研究所長を経て理事長。原子力安全委員会委員長（二〇〇〇〜〇六年）。原子力安全研究協会理事長を経て会長（二〇一一年より）。

原研ＯＢが考えておりますことを、お話できるこのような機会が得られ、とても有難く思っています。

事故収束の初期段階はとても大切です。しかし、中期、長期的な段階、そして最終段階をどのようなものにするのかが、実ははるかに重要です。収束に向けた現在の活動は、まだまだ初期段階。問題は、この段階が終わったあとです。次のステップに移るべく中期、そして最終段階をどのようなものにするのか。また、それらの過程に、どのように移っていくべきなのかを

私たち原研ＯＢは考えています。

私は原子炉の施設を中心にお話させていただきます。次に、田中さんにお願いします。氏は、福島原発事故以来、現地に直接出向き汚染の状況をつぶさに調査しています。実際に測定したり、除染を行ったりしています。住民の影響について、また問題点などをレポートしていただきます。

では本題に入りましょう。まず、事故収束に至る基本的技術課題をお話しします。

現在、示されたロードマップ（工程表）のステップ1、2が進められています。いまはステップ1ですが、予定では年内にステップ2まで終了させたいという目論見のようです。ただ、現在の状況を見る限り、私には順調に進むとはとても思えません。

重要なのは、ステップの1、2が終わったあとです。これに対していまからちゃんと準備をしておかなければなりません。

報道によると、仏アレバ社が、事故原子炉の核燃料の回収や放射性廃棄物の処理事業に関して提案、あるいは事業化しようとしているようです。今回の事故では、いろいろな提案が多方面から出されています。しかし、それらがバラバラに行われている印象を受けます。これではいい結果を生みません。総合的な考え方、大きな視点に立ち、それぞれが役割を明確に認識した上で進めていく必要があります。**事故収束事業の最大の目標は、いまの状況を安定化させ、**

人々に安心して元の生活に戻っていただくことです。もう一方で大切なことがあります。それは、収束事業を進める過程で、発電用原子炉の安全性を高度化するための知見を多く得ることです。この二つを実行するためには、詳細で、総合的な計画のもとに事業を進めなければなりません。

●電気事業者の手に負えるものではない

詳細で総合的な収束計画は、国が主導して作成し、推進しなければなりません。現在はどちらかというと東電や、それをサポートする電気事業の連合体で進めています。それは当然とも考えられますが、事故の大きさ、特異性を考えると、とうてい電気事業者の手に負えるものではありません。**国が主導し、いわば日本が総力を挙げて事業を進めるべき**なのです。繰り返しになりますが、規模が大きいこと、収束に至るまでの期間が長いこと、影響する範囲が大きいこと、このようなことを考えると、国が主導するのは、必然ではないかと思われます。同時に、国際的に開かれた事業としての展開が求められます。

お願いしたいのは、現在のロードマップには書かれていない中長期計画を早急に検討し、その準備に着手していただきたいということ。これはまさに政治的決断のもとに行われなければなりません。次に、技術的課題を摘出する視点から、われわれの考えている計画の一端をお示ししたいと思います。

●最終段階は、長期的な安定が実現した状態

ステップ1、2終了後の状況の確認がとても大切になります。そのための前提として、ステップ1、2終了時に確認しなければならないことがあります。ステップ2の終了は安定冷却が達成された段階とされています。現在は原子炉の溶けた燃料は、まだ熱いわけです。それに水をかけながら何とか温度が上がらないようにしている。また、放射性物質が飛び散らないようにしています。これはまさに初期段階です。

中長期段階は、終局的な事故収束のためのものです。最終段階は、長期的な安定が得られる状態をいいます。ただし、長期的な安定といってもあとに残るものがあります。汚れた核燃料物質や多量な放射性物質がそれです。これは長期的に管理される必要があります。しかも、処分というところまではいきません。

中期段階は最終段階へ移行するための準備ですが、一方で、必要な研究開発も行なわなければなりません。高レベル放射線の環境の中でも仕事ができるようなロボットなどの機器、また、

実施計画も詳細化、細分化されなければなりません。

●ステップ1、2終了時に何を確認すべきか

ステップ1、2終了時に何を確認すべきか、そのポイントを簡単に紹介しましょう。

1. 安定冷却状態。機器が安定的に動いているか。機器の求められる能力が一〇〇％発揮されているか。現在のように、八〇％の稼動では不十分である。また、トラブルが起こった際の対策もきちんと用意されていること。
2. 汚染水が総量としてどれくらいあるのか。放射能汚染のレベルはどれほどか。かつ、どのように処理され、どのような保管状態になっているのかを確認すること。
3. 原子炉施設内外の汚染とその処理状況はどうか。作業環境の把握。これは、以後の対応の準備をも含みます。
4. 使用済みで管理状態にある核燃料物質と放射性廃棄物の総量と管理状況の把握。
5. 放射性物質の外部放出防止対策の状況。飛び散る可能性がないようにしっかりと防止対策がとれていること。

これらをステップ2が終わった段階で確認しなければなりません。確認のための段取りも、

いまから準備しておくべきでしょう。当然それ以降の仕事に入るために欠かせない事項を十分に調べておくことも大切です。これを組織的に行う必要があります。

次に重要なのが、事故収束に向かうための基本路線です。最終的に事故を収めるということは一体どういうことなのか。これをしっかりと考え明確なイメージを作りあげておかなければなりません。また、対応能力を備えた人たちの参加と協力も重要です。

●これまで経験した事故のどれとも異なっている

残念ながら過去に参考になるような典型的な事例はありません。世界的に見ても、規模、様相など、これまで経験した事故のどれとも異なっています。まったく新しいものだと考えざるを得ないのです。

スリーマイル島2号炉の事故、旧ソのチェルノブイリ4号炉の事故がよく例に出されます。しかし、福島第一の原子炉事故は、これらとまったく違うものです。もちろん、参考になる点はいくつかありますが、限定的と言わざるを得ません。ですから、これらの収束方法とは決定的に違ってくるわけです。

二つの対応の仕方をざっとおさらいしておきましょう。収束への対応のタイプを二つに分けます。スリーマイル島の事故、これをT型、もう一つを、チェルノブイリのC型とします。

最小計画で当面の安定を求める、とにかく収めてしまうというのがチェルノブイリのC型。恒久的な安定を目指して詰めていくのがスリーマイル島のT型です。

チェルノブイリは事故後六か月で、周囲をシェルターで覆《おお》いました。「石棺」と呼ばれる方法です。覆ったのちに施設の内部の除染を進めたり、機器や器具を使って、内部に包み込んだ溶けた放射性物質の状態を調べます。ところで、「旧ソ連が事故を早く片付けるために安直な方法を採用したのだ」と言う人がいますが、これは短絡的な考え方です。決してそうではありません。

●世界各国からアイデアを集めたチェルノブイリの第二石棺計画

チェルノブイリの事故は、爆発で建屋の屋根も原子炉炉心の相当量も吹き飛んでしまいました。周りもめちゃめちゃに破壊されました。放っておいたのでは、ますます放射性物質が飛び散る可能性がありました。大急ぎでそれを防がなければならない。そしてやむを得ず覆いをかける方法を選択したのです。六か月の突貫工事。残念ながら十分なものはではありませんでした。時間が経つにしたがって、徐々に欠陥が現れてきました。二五年たったいまでは、破損もひどくなっています。そこで、ちゃんとしたシェルターをもういっぺん作り直すことになりました。いわゆる、第二石棺計画が準備されているのです。

設計に関しては国際コンクールを行いました。世界各国から、応募が三九〇以上も集まり、一九が最終選考に残りました。その結果、一位はありませんでしたが、第二位がフランス連合。フランス連合が提案したのが、一〇〇年間は安定するという案。しかし、これを実現するのに二〇年はかかります。その間に放射性廃棄物を取り出し、原子炉を解体可能なところは解体し、できるだけ安定させようとしています。C型といえども、あとでやることを考えるとT型に近いものになります。

●スリーマイル島。事故から三年後に誰も予想していなかった炉心溶融が判明

アメリカのスリーマイル島の事故は、炉心は崩壊しましたが爆発の影響はほとんどなく、炉心以外の主な機器も損傷を免れました。原子炉の圧力容器は壊れず、炉心外の機器にほとんど破損はなかった。福島第一に比べれば、はるかに破損が軽い形で収束しています。しかし、汚染の問題もあり、いろいろな準備をし、作業員が炉室に入ったのは事故の一五か月後でした。それから本格的な作業に入ったのですが、炉内の状況がカメラで撮影され炉心崩壊の様子が確

認されたのは事故から三年三カ月後でした。

　実はこのときまでアメリカでは、炉心の溶融を予想した人は誰もいませんでした。非常に大きなショックだったようです。最終的に炉心溶融の詳細が確認されたのは、一九八七年。事故から八年を経た時点です。

　一九八一年から八五年にかけて汚染水を除去し、炉室を除染する作業を施し、その後燃料を取り出します。この作業に五年ほどかかっているわけです。最終的に安全宣言が出されたのは一九九四年。事故後一五年が経過しています。

●汚染水は、地下も含め三次元的に封じ込める

　収束に向けた事業を進める際、技術的課題は何か。まず周辺への放射性物質の放出を完全に防止すること。これを最初にやらなければなりません。並行して、事故経緯を明らかにする上で必要な知見を最大もらさず収集すること。これは現在及び将来に渡る原子力の安全の高度化に役立ちます。このような複眼的な視点を備えて収束への計画を実行すべきだと思います。

　さらに、汚染水を三次元的に封じ込める必要があります。地下も含めます。地下のほうから海に流れることのないようにする。ＯＢの中には周りをぐるりと防壁で囲むべきだという意見

もあります。この場合には、よく調査した上で実行に移すべきだと思います。

●事故に由来する核燃料廃棄物の管理には世界的な基準がない

次は放射性廃棄物の処理です。放射性廃棄物が次々と出てきます。その放射性物質はどういう形で出てきたものなのか、またそれが何なのかを正確に把握しておかなければなりません。このためのR&D（研究開発＝リサーチ&ディベロップメント Research and Development）が必要になるでしょう。

核燃料物質が混在している放射性廃棄物。炉の中、外側にも一部あることでしょう。汚染水の処理によって出てきた廃棄物。施設内外の環境整備からの廃棄物、原子炉施設構造、機器の整理、撤去で出る放射性廃棄物。建屋・機器・構造物の除染から出る廃棄物……このように**多種多様な廃棄物が発生します。しかも、ぜんぶ性状が違うので、処理法も適切なものを選ばなければなりません。ものによっては処理法がないものもある。そのためのR＆Dも必要になります。**

膨大な量の廃棄物が出る。これにどう対応するのか。特別なアイデアが必要になります。核燃料を含む廃棄物の処分は、特別な配慮が要求されます。これは国際核燃料保障措置条約下の対象になっていますが、事故を起こした核燃料の管理をどうするかは、世界的な基準がありません。スリーマイル島で取り出した核燃料物質を含んだ廃棄物は、アメリカのＤＯＥ（米国エネルギー省）のアイダホ国立研究所に持ち込まれ、管理されています。ＩＡＥＡ（国際原子力機関）が新たな基準を作ったわけではありませんが、日本の場合には改めて問題になるでしょう。その他の廃棄物に関しても、膨大な量になります。処分を考える上でも量的な問題は非常に重い課題になります。放射性廃棄物の処分対策も、すでに社会的な問題になっています。

●計画の立案だけでも一つのプロジェクトになる

原子炉の建屋の解体、撤去について触れておきます。これは中期以後の対応に対し、どの路線を選択するのかによって、大きな差が出てきます。計画の立案だけでも一つのプロジェクトになるほどの重要性を持っています。

並行して綿密な調査を行う必要があります。炉室内、原子炉周辺、格納容器、圧力容器の詳細な調査は、事故の経緯を解明するために欠かせません。有効な知見、つまり今後の原子力安全の高度化に必要な情報を次々と加えて蓄積していくことが肝要です。どの路線を選択するにせよ、あるレベルまでは共通に実施する必要があります。

今回は水素爆発を起こしています。あの爆発がどういうふうに起こったのか、それによって建物がどう壊れたのかを、綿密に調べなければなりません。再現を保障するシミュレーションができるくらいに、実観察結果に基づいて具体的に解明する必要があるのです。

●収束作業と同時に綿密な調査を行う

溶融した炉心が、いったいどのような形状、状態になっているか。この把握も不可欠です。さらに重要なのは、圧力容器がどうなっているか。スリーマイル島事故では、圧力容器が健全でした。そのため放射性物質が中にとどまっていたので、事故の規模が大きなものにならずに済んだのです。ところが、事故調査後、つまり、最終的な解析を行ったあとも、なぜ圧力容器が壊れなかったのか、その理由が不明のまま残りました。しかし、軽水炉がＰＷＲ（加圧水型）にしろＢＷＲ（沸騰水型）にしろ、過酷事故が起こっても圧力容器は大丈夫だったということが科学的に証明されると、原子炉の安全に関する信頼性は非常に高いものになります。綿密な調査を、これからも、収束作業の中で十分に認識しながら進めなければならないと思います。

●長期にわたる戦略とフレキシビリティ

今回の事故収束の最終的な着地点は、いまのところ決まっていないようです。事故収束に向け、やはり国レベルで基本的戦略を策定しなければなりません。それに基づいて進めていくべきだと思います。今回のように大規模でかつ複雑なものは、私的企業レベルの対応では始末に負えない問題になるでしょう。国が主導しなければなりません。

基本戦略を策定する上でいくつか留意する点があります。大規模かつ複雑。このことから、策定される基本戦略の特徴がある程度イメージできます。それは、きわめて長期に渡る戦略になるということ。そして、大事なのは、固定的なものにならないことです。というのは、分からないことがかなりあるからです。最初から固定的にものを考えていたのでは、途中で身動きが取れなくなります。新たな問題が発生したときにどう対応するのか。ある種のフレキシビリティをどのように発揮させるか、戦略の中にあらかじめ組み込んでおかなければなりません。

●対応戦略の確かな選択と中心的組織の構築

長期という点から言うと、かつて日本では、原子力研究開発利用に関して長期計画を立てていました。五年ごとに見直して進めてきました。今回の事故の収束は、五年や一〇年の話ではありません。先ほど申しましたように、スリーマイル島の事故でさえ収束までに一五年くらいかかっています。しかも、**スリーマイル島の事例はたった一つの原子炉の事故。崩壊炉心は全て圧力容器内にとどまり割と扱いやすいものでした。今回は四基の原子炉がそれぞれ違った形で破損しています。**楽観的なことは口にできません。ただし、戦略が策定され、国家的にどうするのかが決まると、大きく前進します。目標も簡潔明瞭、みんなの中でイメージを共有することができます。ぐらつきはありません。**ただし、戦略を間違って選び、途中での変更を余儀なくされると、かなりの負担になることを覚悟しなければなりません。**

確実なものにするためには、対応戦略の確かな選択と中心的組織の構築が検討されなければなりません。戦略展開には、当然、中心的組織＝統合本部の存在が不可欠です。現在の統合本部が進展段階に適合するように早急に改革され、戦略検討に取りかかれることを期待しています。

●世界が注目する日本の収束事業

具体的な目標達成のために、技術的な分野をどのように分担すればいいのかについてお話します。話は狭い範囲になりますが、現在の日本の原子力研究開発の体制を見ますと、高速炉、核融合、あるいは高温ガスなど、新しい原子力に関する開発はもっぱら独立行政法人の日本原子力研究開発機構（ＪＡＥＡ）が進めています。今回の事故の対応についても、ＪＡＥＡを中心とする国内技術者、関係者の総力を結集して、体制を構築する必要があるのではないかと考えます。もちろん国際協力もここに入ります。これ以外の方法で進めていくのはちょっと考えにくい。何よりも国レベルの本部を構築することが不可欠です。

最後に福島の第一発電所の事故は、世界最大の原発事故であり、従って事故の収束も世界で初めての経験。かつ最大の困難を伴う事業になります。まず、このことを最初に覚悟しておかなければなりません。原子力関係のいろんな情報を見ますと、「Fukushima Daiichi」は、もはや世界共通語として使われています。このことは、世界がこの事故の収束に注目していることを意味しています。もしここで、日本がいい加減なやり方をすれば、国の恥どころの話ではなくなるでしょう。日本人というのはいったい何を考えているのか、その人間性が問われるかも知れません。

かつてキッシンジャーと周恩来が、米中協力の話をしていたときに、日本人のことが話題に上ったといいます。すると双方が「日本人というのはよく分からない。あの人たちは自分のことだけ考えて、世界のことは何も考えない」ということで一致したと、ものの本に書いてありました。世界的な指導者が、大きな誤解のもとで話をしているように感じますが、少なくともこのように言われることが絶対にないように、事故収束の事業を進めてほしいと思います。

わが国の今後の原子力に対する路線をどうすべきか、すなわち、原子力から撤退するのか、あるいは、ある程度の規模で進めていくのか。逆に今回のことをバネにして、より有効に原子力を使うのか。その路線がどうなるのか。それは社会が選ぶことです。私には分かりませんが少なくとも、**日本がどの路線を選ぶにしろ、この事故の対応と結果が世界に及ぼす影響は大きいと思います。原子力から撤退する国も、また、進めようとする国も、日本の事故収束へ向けた取り組みに、大きく影響されることは、容易に想像がつきます。**このことを考えると今回の事故収束は、国家主導のもとに、世界と協力して、世界と共に完ぺきな事故収束を達成することが求められます。そのための、道を確実に進めるべきではないかと思います。

さらに考えておくべきことは、現在世界には四百基を超える発電用原子炉が運転されているということ、さらにその増加が相当数見込まれているということです。これらは全ていずれ解体されます。そのための戦略と技術体系の構築に福島事故炉の措置は大きく役立つものでなくてはならないでしょう。

3　「環境へ放出された放射能除去の必要性と課題」
――急がれる処理場と回復を遅らせる根拠の乏しい厳しい基準値

【田中《たなか》　俊一《しゅんいち》】　元日本原子力研究所副理事長。日本原子力学会会長。原子力委員会委員（委員長代理）

レベル7という放射能が環境に出されました。それがどういう実態になって現われているのか、また、それへの対策がどれだけ大事なのかについてお話をさせていただきます。**実際に出た放射能はあまりにも量が多く、あまりにも広大な範囲です。ともすれば絶望的にさえなってきます。そして、対策らしい対策は、避難させるだけ。これでは根本的な解決は望めません。**実際に汚染を除去して、一日でも早くもとの生活に復帰できる環境を作らなければなりません。避難区域だけではなく福島県全体に、汚染が広がっています。汚染を取り除き、福島県の人が故郷に住めるような状況にするにはどうしたらいいか。最後に、国にぜひ取り組んでいただきたい課題をまとめてみました。

●必要なのはセシウムの除染

三月一五日、2号機の格納容器のサプレッションチャンバー（圧力抑制室）の爆発。このとき、風は南のほうに吹いていました。放射能はその風に乗り、海岸線に沿っては広がったのです。未明になり、風は北西方向に変わります。運が悪いことに、飯舘村の付近で、春の雪がたくさん降ります。そして、雪といっしょに地上に大量の放射能が降り注いだのです。

二〇キロは避難区域、三〇キロは避難準備区域ですが、その外側にある飯舘や川俣などが、計画的避難区域に指定されました。緩衝区域というよく分からない言葉も出てきました。

ともあれ、どうして避難区域の放射能除染が必要なのか。例えば飯舘村の放射能の状況は、セシウム137（半減期三〇年）、セシウム134（半減期二年）、この二つの汚染が主なものです。当初はヨウ素131がたくさん飛びましたが、半減期が八日ですから、もう一〇〇〇分の一以下になっています。いまはほとんど残っていません。つまり、セシウムによって土壌が、汚れているということになります。ですからセシウムを積極的に除去する必要があるのです。

国、農林水産省は、作付けのための放射能残留許容値を放射性セシウムで五〇〇〇ベクレル

／キログラムに設定しました。これは少し高すぎます。しかし、これ以下にならないと田畑を耕作してはいけないと言うのです。土地の利用ができない。ちなみに、おコメの摂取基準はキログラム当たり五〇〇ベクレルです。

原子力安全委員会は、年間の被曝線量が二〇ミリシーベルト以上になるところに避難をさせる指示を出しました。

飯舘村に長泥地区があります。ここは飯舘でもいちばん放射能の濃度が高いところです。年間九一ミリシーベルトくらいになる。それで計画的な避難区域に指定されました。いまの基準では、二〇ミリ以下でなければ住めないことになっています。

人が住んで生活するためには何が必要なのか。とくに農家の方は、土地の利用ができないと復帰することができません。原発のサイトが収まった来年くらいにそれを考えるといわれていますが、それは嘘です。サイトが収まるのはもちろん大事なことですが、仮に収まってもこの放射能を除去しないかぎりは生活ができないのです。

セシウムは半減期が長い。自然に待っていて消えるものではありません。水に流すという言葉がありますが、セシウムはあまり水に流れない。土壌の表面にずっととどまる。ですから、これを除去しなければならないのです。

●厳しすぎる基準値では現実的な作業が難しくなる

学校区の放射能汚染が問題になっています。校庭やグランド、プールが話題になっていますが、学校はそれだけの施設ではありません。校舎の周りのコンクリート、道路、草むら、土手、芝生、花壇、屋根……ありとあらゆるところが全部汚染されています。

文部科学省は、年間二〇ミリシーベルトならいいということで、学校での生活時間などを加味し、時間当たり三・八マイクロシーベルト以下であれば使ってもいい、そうでなければグランドを使ってはいけないということを言いました。これに対して福島地域のお母さんたちから、「とんでもない」という声が上がりました。理由は、二〇ミリシーベルトというのは、いわゆる放射線従事者、原子力施設で働く人たちの年間許容量と同じレベル。子どもたちがそれでいいわけがないと言うのです。非常に大きな問題になり、さすがに文部科学省の大臣も耐え切れなくなり、その後、一ミリシーベルトになるように除染を進めると宣言しました。それで、これを基準にして除染をしなければならなくなったのです。これはとても厳しい数字です。このあとに紹介する、私の飯舘長泥地区での除染の体験を、お読みいただければその厳しさが理解できると思います。

●住民は国の言うことをまったく信用していない

現場の被曝状況についてお話しましょう。避難している二〇キロ圏内、飯舘村の計画的地域の人は緊急被曝状況にあるということで避難指示が出されました。一方、ICRP（国際放射線防護委員会）は、年間の推定放射線被曝量が、二〇ミリシーベルト以下であれば、そこに住みながら徐々に放射能の量を下げることでよいという見解を出しました。この状況にあるのが福島市、郡山市、福島の中通りなどのかなり広いところです。しかし実際に測ってみると、ところどころにホットスポットがあります。つまり、高い線量のところが存在する。そのため、住民は大変動揺しています。健康に対する心配が大きくなり、パニック状態と言っていいかも知れません。**最初「一〇〇ミリシーベルトまでは、ただちに影響が出るレベルではない」と言ってきたのに、二〇ミリで避難させるというのですから、住民はもう、国の言うことをまったく信用しなくなりました。「二〇ミリシーベルトでは健康への影響はあまりないんですよ」と言っても、そんなことは誰も信用ない。住民の間に不信感が募っているのです。**

●家の上のほうが線量が高い理由

私は、ボランティアベースで放射能の除去試験を行いました。

国は避難させるだけで、帰る方法をまったく提示していません。細野大臣が、飯舘村の長泥地区にやって来ました。それはいいのですが、実はとてもシビアです。大臣は、私どもが除染をした地区の区長さんから「片道切符しか与えない」と迫られた。そして「言葉を失った」ようですが、状況はかなり切羽詰ったものになっています。私は看過できず、除染を行いました。「こうすればできる」ことを、実際に見せたかったからです。

私はある会社にお願いし、二〇名のスタッフの協力を得ました。お訪ねしたのは、山間部の農家。牧畜もやっておられました。

家屋、屋敷、ビニールハウス、畑、家屋周囲の除染を行いました。しかし、私は四〇年以上原子力のことをやってきましたが、これほどすごい除染を体験したことがありません。ありとあらゆるものがすべて汚染されている。とくに驚いたのは屋敷の後ろにある杉林です。その杉の葉っぱ一枚一枚が汚染されているのです。

空間線量が一五マイクロシーベルトほどありました。高いところは一七〇くらい。家の周りを詳細に測りました。屋根、雨どい、雨水が溜まるようなところ、ここには土や埃がたまっているのでしょう。一七〇マイクロシーベルトという非常に高いレベルを示しました。

それから、家の前、裏、花壇の除染をしました。家の裏にも草むらがありこれも剥ぎ取ります。雨どいの下はどうしても高くなる。そこの土壌を取る。普通は家の下のほう、つまり土に近いところが高いのですが、このお宅は家の上のほうが高くなっている。なぜか。それは家のすぐ裏にある杉林が原因（線源）だったのです。そこに張り付いている量が多いのです。

すぐにお願いして枝打ちをやってもらったり、大きな木を何本も倒してもらったりしました。花壇に植えられているのは、いわゆる常緑樹です。三月一一日から一五日くらいですと、広葉樹はまだ葉っぱがあまり出ていません。そのため放射能も多くは付着しない。だが、常緑樹は違います。かなり汚染されています。それを切りました。いつの間にか花壇を丸坊主にしてしまい、「これじゃ枯れてしまう」と家主さんから叱られてしまいました。でも、仕方がないのです。

●半径五〇〜一〇〇メートルを除染しないと、数値はなかなか下がらない

実際に家屋の室内を測りました。五月一九日に除染を始めたのですが、その前は高いところでは九・六マイクロシーベルトくらい。しかし、これだけの除染でだいたい半分くらいに減りました。五月二六日までには何とか二マイクロシーベルト以下にするのが目標でしたが、そこ

には辿り着つけませんでした。大まかな評価ですが、家を中心に半径五〇～一〇〇メートルくらいの範囲を全部除染しないと、なかなか下がらないことが分かりました。

ビニールハウスの畑ですが、ここにも放射能がだいぶ積もっていました。ポリイオン溶液という土を固める性質のある溶液を撒き、一週間後に上を薄く（厚さ三～四センチメートルくらい）取りました。これで九〇％以上取り除くことができました。

牧草地は一般の畑などよりも、表面の汚染、線量が高いことが判明しました。牧草の場合は三月にはまだ新芽が出ていなかったため、土と牧草の上の一センチメートルくらいと、土の中は五ミリから一センチメートルくらいのところに溜まっている状態にありました。これを根といっしょに剥いでしまうと、ほとんど取れました。

田んぼは、いちばん高いのは前の年に稲刈りをしたイネの株、わら屑などにたくさん溜まっています。それらを含めて周辺を少し剥ぎ取るとかなりよく取れました。

今回の除染で、結果的にたくさんの廃棄物が出てきました（約二〇立方メートル）。ここは私有地ですので最初にお断りして、「いまはどこにも持って行くところはないが、いずれどこかに集積処分所を作ってもらうということを前提に」、これは空の約束ですが、屋敷の裏の杉林の森に近いほうに置かせてもらいました。

こうやって、線量が比較的高いところを全部取って、積み上げますと、これらの廃棄物の表面は二〇～四〇マイクロシーベルト。杉林の中は一五～二〇ですから、あまり差がありません。ビニールの袋の中に入れてありますので、外側の袋で遮蔽されています。内側はもっと高いはずです。最後は、この上にブルーシートをかけ、ロープで囲い、三メートル以内には近づけないようにしました。

●セシウムは一度ついてしまうとなかなか動かない

少しまとめてみましょう。最初申し上げましたように、いわゆる耕作制限値より下げるのであれば、これで十分クリアしています。たぶん五〇〇〇ベクレル／キログラムでおおよその推定ですが、一〇〇〇から二〇〇〇、少なくとも二〇〇〇以下にはなっていると思われます。国でこのようなことをやれば畑も牧草地も水田も使えるようになります。もちろん今回実施したところは非常い狭い範囲ですから、今後大々的にやるとなると、相当のおカネと人手がいることは間違いありません。

福島県の汚染の実態をもう少しご紹介したいと思います。結論を言いますと、すべて高い濃度の放射能に汚染されていることを認識していただきたいということです。特殊なカメラで木や草、土についている放射能の写真を撮りました。それを見ると、牧草なら草の根っこのあたりにたくさんの放射能が入っているのが写っています。抜いた根についてくる下のほうの土には、あまり入っていないことも分かります。**杉の枝は、木の中にもセシウムが入り込んでいます。木の表面を見ると不思議なことに片側の方だけいっぱい偏って付いています。これはたぶん、このときに降った雪が、風が一方向から吹いていたために、付いたと思われます。セシウムというのは一度ついてしまうとなかなか動かないものであることが分かります。**

●教室の子供たちは、近くて広いところの線量に強く影響される

伊達市の小学校が、当時文部科学省が言った三・八マイクロシーベルト／時間よりも高い場所だったので、伊達市がブルドーザーで五センチメートルほど表面の土を剥いだことがありました。一か月くらいあとに、埋設地に穴を掘って埋めました。

グランドの表面は、〇・二五、一メートル高い位置では〇・五くらいに減少しました。実はこれだけではグランドが使えないというのが校長先生のお話でした。というのは、この学校の場合は山間部ですので、**グランドの周りは広い土手の草むらになっています。そのあたりは三〜五マイクロシーベルトあります。ヒバやジャングルジムなども、一マイクロシーベルトです。子供は草むらに入ったボールを拾いに行きますし、その土手で遊ぶこともあります。グランド**

だけを下げてもだめなのです。

学校の前のアスファルトの敷地はかなり広いのですが、ここが表面で二～三マイクロシーベルト。割れ目などは六～八マイクロシーベルト。実際に教室にいる子どもたちの被曝線量はどちらかというと近くて広いところの線量に強く影響されます。グランドからくる放射線よりもこちらのほうが問題になります。

●軽々しく基準値を決めると大変なことが起きる

伊達市長は、この夏に向け、プールを何とか使えるようにしたいとおっしゃっていました。いまこの水を処理しています。ここの水は一リットル当たり六五〇ベクレルくらいの濃度です。しかし、**環境省が一リットル当たり五〇ベクレル以下という海水浴場の基準を出しました。これはとんでもなく厳しい数値です。**つまり、それ以下にならないとなかなか排水できないのです。セシウムを除去しながら排水しますが、海水浴場の基準である五〇ベクレルというのは一リットルの海水を飲んでも〇・七マイクロシーベルトです。ここは地上で、一時間当たり一マイクロシーベルト以上あります。海水浴場の基準は、空間での一時間の被曝量よりも少ない。海水浴場で一リットルの水を飲むことはほとんどありません。

こういう基準を決められると、地上の除染作業はもちろんプールなどの除染にかなりの労力と時間がかかり、へたをするとその基準に達することができず使えなくなることもあります。私は個人的には文部科学省、環境省の役人さんにだいぶ文句を言いました。軽々しくそのような基準を決めると大変なことが起きるということを申し上げました。**少なければいいという状況ではないということをぜひ理解してもらいたいのです。**

●学校の汚染はグランドだけではない

プールの周りにある排水溝は六～八マイクロシーベルトあり、それも全部除染しました。学校の裏側にある草地などは、三三マイクロシーベルトでした。ここは、子どもたちがジャガイモを植えるための小さな畑です。畑を耕し草を抜いたというのですが、根っこの部分がたくさん集まってしまったために周囲の草地と同じく高い数値になっています。小学校のすぐ横に幼稚園があります。玄関の化粧レンガも、一・九～三・〇マイクロシーベルト。これがいくら洗っても落ちないというので、今度の休みにでもまた出掛けて行き除染をしようと思っています。

学校についてですが、マスコミも含めてグランドだけを見ています。そして、グランドをとにかく収めればいいと考えているようです。しかし、それは大きな間違いです。全体的に汚染

されているのですから、それらを下げない限り結果的には被曝線量を下げることになりません。このことをぜひ認識していただかないといけない。グランドだけやれば終わりというのでは決してないのです。

●何を基準にして数値を出しているのか

除染を進めると、結果的に廃棄物が出ます。わが国の法律は、このようなことをほとんど想定していません。つまり環境から出た、放射能を含んだ廃棄物は、放射性廃棄物なのか、一般廃棄物なのかという議論をいま環境省でやっているという状況です。これだけ汚染されているのですから、放射性廃棄物と言えばいいのですが、そういうことをせずに、「いま環境省に検討させています」と言う。現実には福島の人々は、不安でしかも大変困っているのに、このような対応をする。現場にいる住民の気持ちと離れたところで悠長な議論をしているのです。

これに対して原子力安全委員会は、廃棄物の処理処分に関する安全確保の当面の考え方として、処理施設というのを仮に作ったとして、周辺住民の被曝は年間に一ミリシーベルト以下に抑えなさい、処理作業者の被曝も一年間に一ミリシーベルト以下にしなさいと言います。しかし、福島市では、子どもたちに二〇ミリシーベルトでいいと言っています。一ミリシーベルト以下などと、いまさら何を言っているのか。当然そうなります。処理業者さんたちは被曝管理をして作業をすればいい。一方で住民の被曝を一ミリシーベルト以下にすると言うのですが、処理施設というのは人の住まないところです。人が住んでいる福島市や郡山市では、どう考えても五～一〇ミリシーベルトが年間被曝量になりそうです。しかし、こういう基準を出す。いったい何を考えて出しているんだという感じがします。

●一キログラムあたり八〇〇〇ベクレルを誰がどのようにして測定するのか

避難区域二〇キロの一時帰宅で、住民が入り、いろんなものを持ち出しています。これは表面が四〇〇ベクレル、それくらいだったら出してもいいというふうになっていますが、安全委員会はそれよりはるかに低い一〇〇ベクレルより下でなければならないと言います。同じようなことは環境省でも起きています。

キログラムあたり八〇〇〇ベクレル以下だったら、一般廃棄物にいっしょに置いてもいいと言っています。では、八〇〇〇ベクレルとそうでないものを、どのように仕分けをするのか。草、土壌、コンクリート、木などたくさんの種類と量が出てきます。一キログラムあたり八〇〇〇ベクレルよりも上であるか下であるかなどということを、いちいち測ろうとすると大変です。

現地では測れません。当然研究所などへサンプリングとして持ち込むことになる。そうなると一個あたり三万円くらいの検査費用。しかも一サンプル測定するのに一時間以上かかります。

このような基準を決めて、もっともらしい顔をしている。一〇万ベクレル以上だったならば、保管してくださいと。そのあとは、どこに持って行っていくのかは何も言わない。**このままだと、安全委員会も環境省も、福島の汚染状況を処理して、廃棄物になって出たものを処分する道は、ほとんど拓けない**と言っていいでしょう。

ぜひお願いしたいのは、いまは緊急時だということ。これに合った対応を国の政策としてやらなければならないと考えます。

●管理型の処分場を実現しなければならない

汚泥の問題もあります。汚泥はいったん貯めておくことになっていますが、最終的にどこに持って行くのかが問題になります。これは国、県、自治体が協力して、何とか住民の方の納得をいただき、管理型の処分場を実現しなければなりません。

私が提案しているのは一般用の産業廃棄物処理施設のような形です。ベントナイト、粘土層ですが、これを敷いておけばセシウムはここに吸着されてまったく動きません。それでいいと思います。その後、管理型の処分場にする。排水などに関しての放射能の監視を続ける。このようにすればあれこれ考えないで済みます。とにかく福島県の廃棄物はこういうところに入れればいいということで、管理処分する場所を特定しておく必要があります。

ガレキなど最低でも一〇〇〇万トン、その他を含めると、たぶん数千万トンの廃棄物が出てきます。これをあちこちにバラバラと置き、いいかげんに扱ってはいけない。きちっと管理処分をしない限りは、福島県は人が住めるようにはならなくなる恐れがあります。

昔のことですが、私どもの研究所で、東海村の原子炉を完全に解体し、そのときに出てきたレベルの低いコンクリートなどを特定の場所に埋めました。二〇年前ですが、まったく問題がありません。管理さえしっかりしていればいい。こういった実績をもとに東海村の村長さんに、福島の方へ、「管理さえすれば大丈夫ですよ」と、手紙を書いてもらいました。

●厳しすぎる食物摂取基準値——足柄茶を一年間に一三五キログラムも〝食べる〟のか

日本は、放射能の食物摂取基準があまりに厳しい。厳しすぎて、被害を大きくしています。セシウムを例にとると、飲料水や牛乳は、日本は欧州より五倍厳しい。その他の食べ物でも二・五倍厳しい。理由は、年平均の汚染濃度とピークの濃度を比較したときにヨーロッパはだいたい十分の一、日本は二分の一に仮定しているからです。さらに、すべての食品が全汚染されていると仮定しています。コメは少なくとも去年のものしか食べていないと思いますが、そういったことをまったく考えない。

セシウムの内部被曝は、七万二〇〇〇ベクレルを体に入れると一ミリシーベルトです。神奈川県の足柄茶は五七〇ベクレルで出荷自粛規制になりました。しかし、よく考えていただきたい。これは一年間に一三五キログラム食べると一ミリシーベルトになるということを意味しています。お茶は食べるはずがない。お湯を入れて飲むものです。最近静岡から一五〇億円から二五〇億円の損害補償の要求が出ています。規制の基準に現実的な根拠があるのでしょうか。ここをきちんと考え直せば、新茶が飲めないというバカな状況を避けることができるのです。

●省庁ごとにバラバラの基準値——生活者の立場に立っていない国の対応

先ほど海水浴場の基準について申し上げました。つまり、いまの行政は、環境省、文部科学省、国交省、農水省、みんなバラバラに決めています。その間に整合性がない。基準の尺度がまちまちです。私どもが、長泥地区で除染をしているとき、住民の方々が「アスパラはどうだろう、シイタケはどうだろう」と持ってきました。それを測定したところ、全部五〇〇以下でしたので、みんなで食べました。洗って食べればいいのです。みなさん、野菜はほとんど洗って食べると思います。それで十分なのです。ただし、タケノコは根が浅くて水分をよく吸い上げるらしく、表面のセシウムをかなり吸っていました。これはだめでした。

被曝線量基準の決め方や適応が、めちゃくちゃになっています。いまのような決め方、対応を続けていたら、福島の状況を回復することはできません。国は住民に対し、適切な情報発信ができていないということで、地元では不信感と怒りが渦巻いています。

避難された方たちは、いつ帰れるのかが大きなストレスになっています。帰れるというより前に、着替えなどを取りに行きたい。このような努力をするのが国の役割だと思うのですが、それについて何も取り組んでいません。これが現状です。ぜひ、早急にこれらのことに取り組んでいただきたい。

福島市は日本でも有数な暑いところです。しかし、マスクをしたり、長袖を着たり、学校では教室は締め切って授業をしています。四月くらいから空気中にはほとんど放射能はありません。**六月に入ってからは福島県全域では、放射能は空気中ではまったく検出されていません。私は、「そんな息苦しい格好はしなくていい」と言うのですが、国はそういうことを一切言わない。非常に不親切です。生活者の立場に立っていないのです。**

●国が取り組むべき緊急の四つの課題

ぜひ国が取り組んでいただきたいことが四点あります。まず、①国の責任で放射能の除染に早急に着手してほしいこと。②放射能除染に伴う廃棄物の最終処分方法を早急に提示すること。住民の理解を得るという意味では基礎自治体、県が中心となると思いますが、国が安全とおカネについては、きちっと補償する形でやらないと、これは絶対に実現できません。

③住民にもっと適切なアドバイスをしていただきたい。典型的なのは今回の避難勧奨地点です。隣は避難でもその隣は避難しなくていい。いまやこのあたりの住民はほとんど放射線測定器を持っています。測ってみると隣と変わりがない。それなのに避難しなくてもいいということは、「ウチの子どもたちは被曝してもいいのか」というように、疑心暗鬼になります。当然です。強い不信感が生まれるのです。田舎ではとくにコミュニティが大事です。ところが、とても大変な状況になっているのです。それを単なる数値遊びみたいなことをした挙句、避難する、しない、してもしなくてもいいなどというような指示をする。どれだけ現地は困惑し、大変な思いをしているのかを考えていただきたいのです。

④長期的に健康管理ができるような病院などを作ること。被曝の問題ですが、一〇〇ミリシーベルトを超えないような状況では、健康被害、身体的な影響というのはすぐには出てきま

せん。実は、出てくるか出てこないかも分からない。要するに出たという例がないのです。放射線の被害はもちろんですが、不安などによるストレス障害などが多発する可能性も否定できません。私はいま損害賠償の審査委員をやっていますが、賠償金などのおカネで解決するのではなく、長期的に健康管理ができるような病院や健康管理センター、研究所などを作っていただきたいのです。精神的なストレスも含め、長期的なケアが何より大切なのです。

4　質疑応答

〈質問1〉広島に投下された原爆の八〇倍の放射能が日本全体を覆っているということですが、この夏に東京電力の社員がボーナスを支給されている。このことを意外とみなさん知らない。何十万人もの人を路頭に迷わせておきながら、一方で加害者がボーナスをもらう。いったい何だと思われる方もいるでしょう。三月に労使交渉で決めてあるから予定通りだという。国民が納得するでしょうか。東京電力を潰せと言っているわけではありません。身を削って対応する必要があるのではないかということを言いたい。弁償して足りないところは国が補う。きっちりとしないと国民が納得しない。税金を使うわけですから。加害者、原因者がもうちょっと真摯な態度を示さないといけないと思う。

それはさておき、放射能の放出は、建屋の壁が吹き飛んだ水素爆発のときなのでしょうか。そして、それはコンセンサスになっているのでしょうか。中間処理、集積管理の場所、福島県内のどのあたりに何箇所くらい必要でしょうか。

田中　大きな環境への放射能放出は、水素爆発のときもあったのですが、風がたまたま海の方に吹いていた。あまり陸のほうに来ていません。一五日の六時くらいに2号機のサプレッションチェンバーが破損しました。あのとき最初は南風で、夜になって北西の風に変わった。そこがいちばんの汚染の原因になっています。海のほうはそれ以外の爆発でもたくさん出ています。

廃棄物処分場は伊達も飯舘も二四〇平方キロくらいの規模のものがあります。ざっと見積もると、それぞれ数百万トンくらいの許容量があります。ただし、一か所に運ぶというのはそのリスクのほうがはるかに大きい。ですから基本的には各市町村に作るくらいのことでよろしいのではないか。

放射性廃棄物といっても、セシウムだけです。土の中で安定するので、心配ありません。口だけではなく、ちゃんと国の責任において測定して管理し、そのデータを公開する必要があります。とりあえずは暫定的な集中処分場ということで、私はいいと思います。住民の納得をいただいたうえで、最終処分場にすべきでしょう。

〈質問2〉チェルノブイリ型（C型）、スリーマイル島型（T型）。〝福島〟の場合、どの時点でどのような条件を満たせば選択ができるのでしょうか。事故収束に向けての考え方を政府は持っているのかどうかも併せてお聞きしたい。

松浦　政府の考えというより、政府のどこが考えているのかさえ分からない。政府のしかるべき役職にある方々とお話する機会がまったくないものですから、私はまったく存じません。どちらの型にするのかですが、チェルノブイリ型にするとして、どこまでが分かればああいう判断が取れるかというのが問題になります。チェルノブイリの事故の特徴は、溶けた燃料が、原子炉施設内に非常に広く拡がりました。チェルノブイリ型の原子炉には、圧力容器がない。それに当たるものが燃料管で、それ自身が圧力容器の役割を果たしています。

原子炉全体を納めている入れ物は、さほど丈夫なものではありません。スリーマイル島の事故では燃料が溶け、地下のほうの底が抜けてしまった。地下にすーっと落ちて、それが地下でまた拡がった。燃料体は酸化物でしかも、焼き固めたセラミックです。とても想像がつきませんが、それが二八〇〇℃という温度になって溶ける。私自身は見たことがないのですが、スリーマイル島の事故のあとを解析した本によると、「まるでオリーブのオイルのように溶けた」

と言われています。オリーブのオイルのように溶けたものが、さっと流れてしまった。チェルノブイリの溶けたものは、下へ抜け、そのまま横へ拡がった。幸いに地層にまでは届かず、底のコンクリートの構造の中に留まって、拡がった。都合の悪いことではありますが実をいうと、拡がったおかげで結果として表面積が広がって自然冷却が割りにできるようになりました。わざわざ意識的に冷やなくても、自然の熱伝導だけで冷却しますので、あとから水をかけて冷却するという必要はない。そのまま埋め込み、あとは放射性物質が出てこないようにすればいい。こういう考え方はあると思います。

今回の事故では、崩壊した炉心自体が、塊として存在しているとしましょう。しかし自然冷却でいいかどうかは、よく計算しなければなりません。小さな規模でもいいから、シミュレーションをしなければならない。裏づけの実験が必要になります。どのくらいになれば自然冷却が可能なのかを確認してからでないと、簡単にチェルノブイリ型を選ぶというのは難しいかも知れません。知らない間に中で溶けたり、水素が発生したりするとまたやっかいなことになる。見極めはかなり慎重にならなければなりません。この点は燃料剤を扱っている専門家の知恵を集めて確認すべきだと思います。

〈質問3〉 被災地で不信感が広がっています。誰も国を信用していない。どのようにしたらいいのでしょうか。

松浦　いまは、ややヒステリックな状態にあります。余計なことをずいぶんしている。中心になる組織をきちんと作って対処しなければなりません。難しいことですが、分かりやすく説明ができる人を集めて、住民の顔を見ながら、ヒザを交えてお話をする以外にない。

東京のある地区でさえ、「そんなことまでしなくてもいい」と言っても、議員やお母さんたちは納得してくれません。分かりやすく説明し、納得していただく動きを作る必要があります。

田中　ダイレクトな言い方で恐縮ですが、福島の場合はとにかく除染を進めないといけない。そのことに対して、ストレスを感じているお母さんたちがいます。除染をやりながら、健康への影響はどういうものなのかをちゃんとお話できるチャンネルを開いていくしかありません。先日も福島の保護者会の方々とお話ししたのですが、非常によく聞いていただきました。たぶん、いっしょに汗を流しているからです。

生半可な知識だけで、説明に行くとただ怒鳴られるだけです。まず除染の必要性を訴える。ただし、広域の除染はボランティアだけではとてもできません。**一軒の家を除染するにしても、一日二〇人ほどのスタッフが必要です。おカネと人手がいります。それは国の責任でやってい**

ただきたい。東京電力がやるのを待っていたら何も前へは進みません。放射能の除染は国の責任であって、最終的にはどこからおカネが出るかは申し上げることはできませんが、補正予算でも何でもいい、予算をつけてそういうことを早急に始めていただきたい。

〈質問4〉微生物を使った除染が効果があるという説があります。どのように思われますか。

田中　はっきりいうと効果はありません。微生物もそうですが、科学除染も今回三〇種類くらい試しましたが、よくても二割くらい減らせるだけです。実験室規模で小さくやるのでしたらいいのですが、東京都よりも広い地域です。小学校のプールの水を除染するだけでも、一〇人くらいで五～六日かかっている。何百万トンもできません。研究室でできたからといってそれがあたかもできるようなことを言うのは、科学者のモラルに反すると申し上げたい。現実的にできるのか、コストパフォーマンスは大丈夫なのか。それをちゃんと見極めてから発言してほしいものです。

実は、微生物の研究は原子力研究所で長いことやっていました。しかし、世界で応用できたことはないのです。福島に行くと驚きます。詐欺と言っていい。薬のようになっていて、ジオライトなどを水にまぶし、それを撒けばセシウムがなくなると宣伝している。それを売っている業者さんが実際にいるのです。ある先生のお墨付きを受けたというものもあります。まことしやかなパンフレットがいっぱい配られている。「先生、これどうですか」と見せられましたが、驚きました。「これは詐欺ですよ」と言いました。いまこういう状況です。一種のパニックになっている。

〈質問5〉 よく放射線によってＤＮＡが破壊されると言います。科学的知見をしっかりと持ちたいのですが、これについてはどうなのでしょうか。また、被曝者援護法などがありますが、将来的には裁判になる可能性が高い。その場合、国は追及されると思いますがどのようにお考えになりますか。

田中 放射線はとても恐ろしいものだと皆さん思い込んでいます。実は呼吸したり運動したりするのとあまり変わりはない。放射線は体に入ると、体はほぼ水ですのでいわゆる活性酸素、活性水素などができます。それが体の中で拡散し、ほとんどは途中で消滅してまた水に戻ります。ただあまりにも強いと、ＤＮＡ螺旋のところで科学的に切れるということが起こります。一本だけ切れた場合、体には修復する機能が備っているのですが、ＪＣＯ事故で亡くなられた方のように、ずたずたに切れてしまうと間違って修復してしまいます。それが怖い。体の中では日々何万というものを体外に排出しているのですが、たまたま生き残ったものがあると、子どもなどは細胞の増殖が激しいですから、影響がある。だから、子どもの被曝については少し抑えるようにしています。

私たちの体には、四〇〇〇ベクレルくらいのカリウムを抱えています。新たにセシウムが数十入ったからといって、そんなに大変なことが起こるわけではありません。このことを説明してもなかなか分かってもらえない。専門家にも、あたかも一個でも入ればガンができる、あるいは死んでしまうというように、人に不安を与えるのが生きがいみたいな人がいます。このようなものに対して負けないような信頼を確保しなければならなりません。

長期の低線量の被曝というは、呼吸、運動、食事をしても入ってくるものです。裁判に関して言うと、はっきりとしたことは専門家ではありませんので分かりません。しかし、原子力従事者で線量がかなり低いレベルでも裁判は労働者のほうが勝っています。健康管理はおざなりではなく、病院を作ったりして長期的にやらないといけない。長い目で見るとそれがおたがいに得になると思います。

〈質問6〉 循環型の冷却は本当に上手くいくのでしょうか。地下への心配はありませんか。また、原子力は必要なのかどうか、松浦先生はどう思われますか。

松浦　水の処理、循環冷却がちゃんとできるかということについて、原子炉のＯＢの一部には、原子炉の汚れている水はすさまじい濃度になっているはずだから、循環すると施設に近寄れないと言う人がいます。簡単にいかないのではないかと危惧しているのです。いま動いている様子を見ると、桁外れの汚染水が来ていることは報告されていませんし、事実動いています。いまの状態で動いていて、どのくらいの放射性物質の量なのかは詳しいデータがありませんのではっきりと言えまませんん。だが、動いている様子を見ると、表面線量率がいくらになったら取り替えるとか、そういうやりかたで順番に廻していくようです。時間がどれくらいかかるも難しい。しかし、ほぼ安定状態、要するに冷温状態までいけるのではないかと私は見ています。途中で何が起こるかは、いまのところは分かりません。しかし、何が起こるのかはつねに考えながらやっていかなければなりません。

海に漏れないようにするためには、どうしたらいいのか。地下の地層の問題もあります。分厚いコンクリートを突き抜けると、地下水の水脈もあり、陸のほうから海のほうへ流れていく可能性もあります。それに対応するためには、モニタリングをする必要があります。あるいは障壁を作ることはやらざるを得ないかも知れません。発電所の前のプールでのモニタリングはしっかりとしなければなりません。

原子力発電を今後使うのか使わないのかは非常に難しい。どう使うかのオプションもいろいろなものがあります。それが、発電の方法と比べて社会にどう受け入れられるのか。コスト、信頼性、安定性、電気の質、電圧の変動、サイクルの変動など、いろんな点を含めてどう選ぶかの慎重な検討が必要です。

いまの原子力発電がなぜ軽水炉になったか、そのことに少し触れておきましょう。産業革命以来、水を使う技術が猛烈に発達しました。水を使った冷却には、かなり高いレベルの経験があります。水は熱を伝えやすい、運びやすい、という特性があります。一方、今回の事故ではっきりと分かったのは、水は安定的ではあるのだが、いったんことが起こると分離して酸素と水素になる。酸素も水素も、反応が厳しいものです。とくに水素は爆薬に使ったときには大変な外力を持ちます。軽水炉を使う限り、水素が爆発するような状況を絶対に起こさないこと。そういうやり方をしっかりと組み入れなければなりません。

原子力発電を水型にしたとき、最初の段階から、原子炉の中で水が酸素と水素に分かれ、水素が燃焼したり、小さな場発を起こしたりすることは分かっていました。初期の開発段階ではその対応についてずいぶん研究されました。このようなことが起こらないように対策を練りながら、進めてきたわけですが、三〇年くらい経過すると、運転者、技術者から忘れられるようになったのでしょうか。知らないうちに水素がどこかに集まるような設計と構造を作ったりしてしまう。それが日本で実際に起こりました。二〇〇一年の秋、中部電力の浜岡で水素爆発による配管の破損がありました。調べてみると設計が適切ではなかった。それで日本中のBWR（沸騰水型軽水炉）を調べたところ、一二基ほど同じような構造になっていました。知識がちゃんと伝わっていなかったのです。今回の事故でも、水素爆発が起こらないようにどう管理するかがさらに強く、徹底的に問われています。

私はそれに十分に対応できると考えています。コントロールが難しい放射性物質が多量に残る、あるいは原子力施設の外に散らばる。事故が完全に起こらないようにするというのは非常に難しいが、少なくとも事故が起こっても、周辺の人が避難しなければならないほど多量に放出しないような原子炉はできると思います。冷やし方の問題、冷やし方の余裕を作ること、原子力発電所の規模、熱出力の密度（一リットルあたりの原子炉の炉心で何キロワットくらい出すか）をどのくらいに抑えるか、そのようなことを考えていくと、原子炉と原子炉の間隔など、どの程度に抑えれば過酷な事故が起こっても周辺に放射性物質を出さないようにするかは工学的には分かってくると思います。そういう方向に行けば十分に使っていけると思う。いまある原子炉はそんなに不安全なものではありません。今回の反省点を可能な限り加え、管理をしっかりとしながら使えるものは使っていくことになると思います。

水型でない原子炉。これは日本でヘリウムと黒鉛を使います。このタイプの原子炉だと、出力の密度は軽水炉の十分の一と小さいが、冷却するシステムが停止しても、自然に冷却できます。いまはまだ試験中ですが、少なくともフルパワーの三〇％の出力までは冷却系統を完全に遮断しても十分に冷えることが実証されています。このような原子炉がたとえコストが高くとも、将来的に代えていくというのはあり得ると思います。

〈質問7〉除染をするにはどれくらいの費用がかかるのでしょうか。

田中　放射能は木や壁、土についている豆電球のようなものです。いま空気中には豆電球はない（放射能は空気中に飛んでいない）。放射能はその豆電球から出る光ですから、光の強さがシーベルトです。豆電球（放射能）を取り除いてしまうと放射線はなくなります。これが除染です。学校の除染はグランド以外は本格的に始まっていません。どのくらいのおカネがかかるのかはっきり分かりません。しかし、例えば学校のグランドを業者にやってもらうとすると、一〇〇〇万円～一五〇〇万円。一つの小学校だと三〇〇〇万円くらいはかかるのではないでしょうか。除染は、国が本腰を入れなければならない。基礎自治体に数十億円をあげて、自治体の責任で行い、主なところを除染をしていく。雇用をつくり住民の協力も得られて前向きになれると思います。

5　私自身のまとめ

かつて大先輩にあたる梶山静六先生が私におっしゃった。

「なあ村上君、テーブルの上が汚れている。ここをキレイにするためにはどうしたらいいのか」

「雑巾で拭きます」

「そうか。では、雑巾についたその汚れはどうするのか」

「雑巾を水で洗って、流します」

「そうか、ではその水はどうするのか。世の中、水で流せないものがある。問題解決も同じだ。例えば、汚れた政治もキレイにするためには、その汚れをどこかに持っていかなければならない。そしてそれを徹底的に浄化しなければならない。水に流すというわけにはいかないものがあるのだ」

何やら禅問答のようだが、今回の事故の放射性廃棄物のことを思うと、このときのやりとりが鮮明に甦る。

松浦先生からは、初期対応はもちろん大事だが、中長期の視点、さらに最終的なイメージを持っていなければならない、そのためにはフレキシビリティを持った総合的な統合本部が必要

だというご指摘である。最終的な終着点も分からないから、予算がどれだけ必要なのかも分からない。住民が自分の家に帰って生活するための除染も視野に入っていない。放射性廃棄物は、放っておいただけでは半減期を待つしかないのだ。まさに、水に流すことができないものなのである。政府はこのことを何も分かっていない。

勝手な基準を作り、厳しいから安全だとうそぶいている。責任逃れの姿勢でしかないのである。田中先生がご指摘のように、これでは現実的な復旧、復興は前進しないだろう。くるくると変わる基準とその場限りの言葉で、住民は国を信用しなくなっている。住民とともに汗をかいている人しか、説得力を持たない。口先だけでは人の心は動かないのだ。現地を知っているリアルな知見を感じた。汗をかき納得させることでしか、伝わらない真実があり、理解のチャンネルはそこしかないというのはもっともなことである。

福島第一原発に近い区域、また、放射能の積もったワラを食べた家畜類の殺処分が伝えられた。東電にいまいちばん言いたいことは何かという問いに対して、酪農家たちはこんな言葉を残している。

「元気な牛を殺す資格は誰にもねぇ。平気で命を見捨ててる。それは同じ生き物として恥ずかしくならねぇか」

「ここへ来て、悲しそうな牛の目を見てみろ。言いたいのはそれだけだ」

（『津波と原発』 佐野眞一 講談社）

臓腑をえぐる被害者の肉声。政府には届いていないのだ。国会議員は、ほとんど汚染状況を知らされていない。このことが、よく分かった。他人事ではもうすまされないのである。

第六章　内部被曝および「測定」「除染」について

～第五回原発対策国民会議（二〇一二年一月二五日）

1　内部被曝のメカニズムと「測定」「除染」の必要性

民主党は、原子炉の耐久年数を四〇年と決めたようだ。懸念材料として申し上げる。科学的見地に基づかず、素人が決めているような印象を受けるのは私だけだろうか。一番大事なのは、確実で実証的な原因究明を早急に行い、未来に向けた、世界に通用する安全基準を作成しなければならない。場当たり的な政策ばかりでは、世界を納得させることは不可能である。

事故原因の究明とともに、現在もっとも重要なのは「内部被曝・除染」の問題である。政府は、ポーランド政府のように幼児や妊婦に安定ヨード剤を飲ませず、その理由もうやむやにしたまま今日に至っている。このような野放図なやり方を続けた場合、もっとも被害をこうむるのは、日本の未来を担う世代である。妊婦・胎児、幼児、子どもたち……。弱いところにリスクは集中するのだ。

本日は、児玉先生をお招きした。先生は、東大病院の内科医である。同時に、東京大学アイソトープ総合センターの最高責任者でもある。東京大学には二七箇所のアイソトープセンターがあると聞いている。院内の放射線施設の除染などに、二〇年以上も関わっておられる。また事故後、被災地の子どもたちを被曝から守るため、福島県南相馬市、浪江町などを頻繁に訪れ、ボランティアで保育園や幼稚園などの除染、地元の方々の相談、支援活動などを行っている。まったく、頭が下がる。

過日（一一年七月二七日）、衆議院厚生労働委員会の参考人として、先生は、政府に一刻も早い対策を講じるよう強く訴えた。そして、「国会は一体、何をやっているのですか！」と怒りをぶっつけた。震災からちょうど半年の時期である。

本日は、内部被曝の基本的なメカニズム、測定の重要性、除染に対する対応策を含め、早急に採用すべき対策を中心に、じっくりとお話をお聞かせいただく。

【児玉《こだま》　龍彦《たつひこ》】

一九五三年、東京都生まれ。七七年、東京大学医学部卒業。東京大学医学部助手、マサチューセッツ工科大学研究員などを経て、東京大学先端科学技術研究センター教授（システム生物医学）。二〇〇一年四月より東京大学アイソトープ総合センター長を兼任。著書に『内部被曝の真実』（幻冬舎新書）、『新興衰退国ニッポン』（金子勝氏との共著　講談社）、『逆システム学』（金子勝氏との共著　岩波新書）、『システム生物医学入門』（仁科博道氏との共著　羊土社）などがある。

2　何が優先されるべきなのか

昨日、京都の島津製作所の三条工場に行ってまいりました。流れ作業によって食品検査ができる機械、その開発の進捗状況を見てきました。予想以上に素晴らしい遮蔽機能を持ったものができています。だいたい一〇数秒で三〇キログラムの米袋を、京都の条件ですと五〇ベクレル程度で測定できます。

食品の検査がなぜ必要かと言いますと、やはりセシウムの内部被曝の問題が大きいからです。

●まるで毒ガスのような「プルーム」が流れた

三月一五日の朝に大量のセシウムが飛散しました。セシウムは、六四一℃で気化します。これらがプルーム（放射性雲＝飛散した微細な放射性物質が、大気に乗って煙のように流れていく現象。いわゆる「ホットスポット」の形成に関与していると推測されている）となって飛散したのです。恐らく2号炉のものと思われます。一部は、最初、南下。ちぎれ雲のように、東京の上空をかすめ、静岡のお茶畑を汚染しました。後日、このお茶がフランスの税関でチェックを受け、拒否されたのはこの影響ではないかと考えられます。

2号炉でベントを行ったのが一三日の午前一一時ころでした。水蒸気爆発したのが一五日午前六時一〇分。東海村で五マイクロシーベルト（／時、以下同）、東京・本郷で〇・八マイクロシーベルトが観測されました。プルームは、ヨウ素やセシウムが気化し、まとまってできているもの。科学物質で怖いのは、セシウムが気化したヨウ化セシウムです。

このプルームは、最初は南の方へ行き（一部、東京の上空をかすめ、静岡のお茶などに影響を及ぼした）、それから北に向きを変えました。実際に二〇キロ圏内に入ると、線量が低いところがある。双葉町でも線量が低いところがあります。例えば数キロ先に福島第一原発が見える請《うけ》戸《ど》港《こう》などは、一ミリシーベルト以下です。よく訪れる浪江町の役所や東大の柏キャンパスと同じくらいの線量です。

ところが、常磐線が走っているちょっと西側に移動すると最大で六〇〇マイクロシーベルト、一年で五シーベルト（五〇〇〇ミリシーベルト）を測定。人体に過酷な影響を与えるとても高い数値です。流れたプルームが、いかにすごい毒ガスみたいなものだったのかが分かります。このとき国は何を言っていたかというと「ただちに健康に被害はない」ということでした。

プルームが問題です。ヨウ素131は半減期が八日。アイソトープ（放射性同位元素）というのは、エネルギーが高く、放射線をどんどん放出します。すみやかに崩壊し、徐々に普通のものに戻る。半減期を繰り返すことで放射線が消えていくのです。例えばヨウ素131が八分子あったとしましょう。最初の八日で四個がなくなる。半分になります。次の八日で二個になります。次の八日で一個。このように減っていく。これが減衰です。ヨウ素131は、だいたい一か月で一〇分の一、二か月で一〇〇分の一、三か月で一〇〇〇分の一……八か月では一億分の一。つまりもうほとんど現実に問題がないような数値に落ちていきます。このことからも分かるように、**ヨウ素131は、最初の八日が勝負になります。ところがセシウム137の半減期は約三〇年です。ほとんど減りません。**

●DNAのいちばん大きなダメージは、二本鎖切断

放射性物質からは放射線が放出されます。アルファ線、ベータ線、ガンマ線などがそれです。私が研究しているのは、がんの薬です。ゲノムから薬を作る研究です。内閣府で小渕総理のときから野田総理まで九代の内閣のもとで研究を進めています。現在は最先端研究支援と呼ばれ、スーパーコンピュータを使ってがんの薬を作る研究をしています。

放射線の最大の問題は人体の設計図である遺伝子情報が詰まったDNAを切断してしまうことです。放射線は、電子を弾き飛ばしてイオン化するものをいいます。電子を弾き飛ばすとい

うことは、いわゆる生体高分子に大きなダメージを与えてしまうことを意味します。そして、放射線が当たるときに分子量が大きいものほど早く損傷を受けてしまう。われわれの体の中で分子量がいちばん大きいのはＤＮＡです。ＤＮＡはご存知のように二本の鎖からなるものが二重螺旋になっています。このときのＤＮＡは非常に安定しています。

私が妊婦や幼児に警告するのは、実はこのことにあります。彼らは細胞の分裂が激しいのです。細胞分裂するときには、二重螺旋はほどけて一本ずつになる。そしてそれぞれが倍に増え、鎖が四本になる。鎖が一本になる過程が、不安定で切れやすくなるときでもあるのです。そのために、細胞の増殖が盛んな妊婦の胎児、幼児、成長期の子どもなどの放射線障害は非常に危険なのです。

ＤＮＡのいちばん大きなダメージは、二本鎖切断。二重螺旋になっている鎖状のものを二本ともぶち切れてしまうものです。これががんにつながります。

●ＤＮＡにダメージを受けても二〇～三〇年経過しないと分からない

内部被曝は、気化した放射性物質や汚染したホコリ・食品などによって放射性物質を体内に取り込んでしまうこと。それによって体の内部から被曝することをいいます。取り込んだ放射性物質は、体内で放射線を出し続けます。アルファ線核種というのがあります。これはアルファ線を放出する放射性物質のこと。アルファ線は内部被曝におけるもっとも危険な物質です。一八九〇年代にドイツを中心としてトロトラスト（商品名）という造影剤が用いられました。トロトラストは商品名で、これはトリウムという放射線のなかでもアルファ線を出す物質で肝臓に集まります。一九三〇年ころから日本でも使用されていました。ところが二〇〜三〇年経つと二五〜三〇％の割合で肝臓がんや白血病が発症することが分かってきました。トリウムはアルファ線核種です。

プルトニウムを飲んでも大丈夫とある大学の教授がおっしゃっていたことがあります。悪質な生物学者に騙されてしまったのでしょう。意図をもった生物学者というのは寿命が二年のネズミや、寿命が一〇年ほどのイヌでアルファ線の効果などを測定している。そうすると絶対に人間に有効な結果は出ない。人間には二〇〜三〇年経過しないと発症しないものも多いからです。

私は、東大で内科の外来を担当しています。二〇年ほど前にはアスベストに対する深い理解はありませんでした。ところが、アスベストを体内に取り込み三〇年くらい経つと悪性中皮腫という普通では見ることがなかったがんが認められた。ここで初めてかなりの確率でアスベスト反応ではないかと考えることができるのです。

このように三〇年後に症状が出てくるケースは少なくありません。これらは、体内に取り込んですぐに症状が出るというものではありません。だから、時間の経過が少ないうちに因果関係を問われても分からない。内閣府のワーキンググループにいて困ったのは、早い段階で因果関係を問われてしまうこと。断定できないのです。

チェルノブイリの事故は、一九八六年でまだ二五年しか経過していません。それで、統計学的にイエスかノーかと問われて、「いまは答えられません」と言うのは、「二五年くらいでは断定的なことは言えません」という意味です。なぜなら、**がんというのは多段階で発症します。普通の人の場合、遺伝子が一回壊されただけでは簡単にはがんになりません。第一段階の変異が入って、第二段階の変異が入る。一〇年、二〇年、三〇年と多段階の変異を経るにつれてがんの可能性が増大してきます。一個遺伝子がやられたからどうというのではなく、二個ぐらいやられるとかなりの割合でがんになることが分かっています。**

六〇歳くらいでがんを発症するケースが増えてくるのは、通常は、三〇年に一回くらいしかワンヒット（DNAの切断）が起こらないことと関係していると推定されます。最初のワンヒットを、例えばトロトラストのアルファ線で得たとしても、がんが出るまではその後三〇年経たないと分からない。たぶんアスベストにも同じような問題があったと思います。

●事故後二〇年を経過して因果関係を認めたWHO（世界保健機構）

これまで低線量の内部被曝は問題がないと言われていました。ところがチェルノブイリには甲状腺手術の跡がある子どもさんがいっぱいいる。四〇〇〇人出ています。子どもの甲状腺がんというのは普通一〇〇万人に一人くらいの例しかないものです。ですから、大変に珍しい。このような病気が増えることは誰も予測していなかった。ヨウ素は半減期が八日です。事故当時の子どもの放射線の被曝量がどれくらいあったかというのは分からないのです。

とくにプルームで受けたものはまったくといっていいほど分からない。浪江町でも一キロ違うと線量で百倍くらい違いがある。毒ガスみたいなプルームが通ったところの人たち、もちろん妊婦や子どもたちは、いっぱい吸っている。そうでないところはまるでちがう。もっと分からないのはウシがエサの稲わらを食べて、牛乳になって濃縮され、それを飲んだ。だが、それがいったいどこで生産され、どのような場所で管理されていた稲わらをどこのウシが食べ、どのような経路で牛乳が汚染されたのか、すぐには特定できない。市販の粉ミルクから、何十ベクレルかが検出されたと聞いて驚きました。しかし、同じように、どのようなプロセスでそうなったのかは、すぐには特定できないのです。

ベラルーシ・ミンクス医科大のユーリー・デミッチク教授（甲状腺外科）がまとめたデータ

であきらかになったのは、これまでに子どもではみたことのない甲状腺がんが極端に増えていることでした。乳頭状甲状腺がんと呼ばれるものです。乳頭状甲状腺がんは、普通は子供に少ない。しかも、乳頭状甲状腺がんは肺などに転移しない。ところが肺に転移しやすい乳頭状甲状腺がんが、子どもにいっぱい出ていたのです。

九一年（事故後五年）、いろいろな学者が、ベラルーシに行き、調査を行いました。ところが事故以前のデータがない。前と比較できないのです。増えていることは事実。ただし、検査をする機会が増えると、検査にひっかかるものが増えるというのは医学上よく知られています。だから、チェルノブイリの甲状腺がんの増加も、統計的には優位とはいえないということになりました。

その後いろいろな経緯があるのですが、実際に現地に行って調べると、どんどん増えている。これは紛れもない事実にでした。そのあと子どもの甲状腺がんが減ってきた。チェルノブイリの事故から二〇年経った二〇〇五年、ＷＨＯ（世界保健機構）はやっと認めました。チェルノブイリが原因で起こったのではないかということで認知したのです。現在は、その因果関係が分かってきています。

●内部被曝に特徴的にみられる遺伝子の修復エラー

現在私が研究しているのはゲノム科学です。遺伝子全部を見ていくわけです。これまでは七個の遺伝子の変異が中心でした。しかしいまは二万五〇〇〇個の遺伝子全部を見ることができます。汚染地区と非汚染地区の子どもの甲状腺がんを世界から集めたデータがあります。遺伝子の増減を比較したデータによると、汚染地区も非汚染地区もだいたい一致しています。ただし一か所だけ違うところがあります。染色体の七番（7q11）です。

汚染地区の子ども遺伝子の七番を見ると通常二個ある染色体が三個になっている。普通、親から、つまりお父さんとお母さんから一つずつもらいます。つまり二個が普通です。これが三個ある。理由は、遺伝子の修復エラーです。これを、パリンドローム修復エラーといいます。**遺伝子にはダメージを受けるとそれを修復しようとする働きがあります。その修復の際に間違ってしまうのです。これはパリンドローム増幅ともいうのですが、パリンドロームというのは、「たけやぶやけた」のように、上から読んでも下から読んでも同じ配列。ダメージを受けたところがこのような場所で、その情報が回文のようだと修復のときに読み間違えてしまうのです。**倍修復してしまうということが起こって三個になる。DNAの切断点が回文のような配列のそばで起こるとこのような、エラーが起こることが分かってきています。

このようなエラーは、放射性障害によって生じやすく、ヨウ素131の蓄積によって引き起こされた可能性が高いと考えられています。チェルノブイリの甲状腺がんの細胞にも多く見られています。

内部被曝が怖いのは、放射性物質が体内に入ると、特定の場所に集まり、濃縮されることです。放射性ヨウ素131は甲状腺、ストロンチウムは骨に集まります。セシウムは腎臓から尿に分泌されるため、尿管、膀胱の細胞に増殖性の変化を起こしやすくします。

特定の部位でDNAの損傷を繰り返せば、ほぼ確実にがんが発生します。同じ量の放射線を出す放射性物質であれば、外部被曝より内部被曝のほうが、人体への影響は大きいのです。

私はおとし家内に私の肝臓の三分の二ほど提供しました。その際、CTスキャンを三回、合計二一ミリシーベルトのガンマ線を受けています。家内は五回で、計三五ミリシーベルトを浴びています。しかし、この程度の外部被曝はあまり心配していません。外部被曝と比べ、いちばんの問題は内部被曝であることをよく知っていただきたいのです。

●内部被曝を防ぐために欠かせない「測定」と「除染」

厚生省の基準案は、食品中のセシウムによる年間の被曝線量を一ミリシーベルトと設定しています。一般食品は一キロあたり一〇〇ベクレル、乳幼児は五〇ベクレルなど、基準は厳しくなってきています。

放射性物質が飛散したあと、内部被曝を防ぐためには何が必要か。まず「測定」と「除染」です。「測定」に関していえば、冒頭でも申し上げました。島津製作所で、どの食品の測定を急いだらいいのかということが議論になりました。すると、現地の方から一もにも二もなく「三〇キロの米袋」と言われました。それでいっしょに協力して測定器を作ることになったのです。現在、いちばん感度がいいのがＢＧＯ検知器です。ところが、残念ながらこの検知器は中国から輸入しています。これを使用すれば感度のいい検知・測定ができます。

日本の技術をもってすればすぐに開発は可能です。放射性物質の検知と画像化の技術においては、世界でも日本はトップクラスです。測定すべき放射性物質を、セシウム１３４と１３７に絞り、それらが発するわずかなガンマ線を感知する。そして、モニター画像に可視化する。最新鋭のＢＧＯ検出器を用いた高性能イメージング機器を開発し、食品検査に投入すべきです。そうすれば､空港での持ち物検査をするように流れ作業で大量の食品を検査･測定できるのです。

●ノイズのない検査所をどう作るか

放射線の計測でよく問題になるのは、ベースラインに揺れがあることです。ストロンチウムの測定などで、最初で測ったのがあとで間違いだったとか、隣の物質のピークを測ってしまったとか、みっともないミスがあります。これは専門家としてやってはいけません。シグナルとノイズをきちんと見極めることが大切です。食品検査を五〇〇ベクレルから一〇〇ベクレルにするためには、ノイズを下げなければなりません。また、きちんとした検査ができる部屋を別に用意する必要もあります。

福島でも、トンネルの中に入れば東京とほぼ同じ線量になります。二本松ですと検査室を市役所の食堂を借りて地下室でやっています。だから、正確になる。ところがＪＡなどからは、米の検査を簡単にするためには米の倉庫でやってくれと言われます。検査所はきれいなことが大切です。周りの土埃などを持ち込んだら、場所によって一〇〇倍、一〇〇〇倍の違いがあります。例えば一〇〇〇倍の放射線量がある靴でどかどか入ってこられたら検査が成り立たちません。むしろ米袋が入るときにエアカーテンでバーッと吹き飛ばすくらいやってからのほうがいい。どこの場所で検査を行うのかというのがとても大事になるのです。

●コメの全袋検査体制を構築する

問題は福島でノイズのない検査所を作れるかどうか。そこを議員のみなさんに理解し、応援していただきたい。現在、ゲルマニウムの検知器が使われています。ゲルマニウム検知器は、全部のスペクトラムを見るので、カリウムがいくつ、他の物質がいくつとすべて表示されます。このような検知器では時間も途方もなくかかってしまう。これでは食品検査では使えません。チェルノブイリで使っているようなものではなく、二一世紀の日本の最良のものを使い、ものすごくきれいな環境のもとで検査を行わなければなりません。農家の方にもそれを理解いただきたい。安かろう、悪かろうではなく、最高なものを最良な環境で使い、きちんと測定し、福島の人たちを助ける。そういう知恵が必要です。このことを、いまとにかく迅速にお願いしたい。まず、コメの全袋の検査体制を構築するのが大切です。

よく新しい検知器ができるたびにこの機能が足りない、この部分の計測が不安定だと簡単に言う人がいます。これは、重箱の隅を突付くことと同義で、建設的とはいえません。弱点を見つけて喜ぶような人を私は信用しません。実はこのような方々が多いのです。とくに旧原子力村と呼ばれる人に多い。とても残念です。パーフェクトでなければ認めないというのです。だが、どれも開発途上の機械です。欠点があるのは当たり前じゃないですか。改良、改善すればいいのです。緊急に実施する必要があるのです。検知器を使う場合、シグナルとノイズをよく知って非常に敏感に検査が行われる試験場を各所に整備すること。このことのほうが、重箱の隅を突付くよりはるかに大切だと私は考えます。

●機械（システム）が三台揃えば一万トンのコメは一〇日間で検査できる

考えてもみてください。空港の手荷物検査にかかる程度の時間で計測でき、そのための環境を整えることができるのなら、このような機械（システム）が三台揃えば一万トンのコメは一〇日間で検査を終えることができます。ということは一年の残りの三〇〇日は別の農産物が検査できる。海産物や冷凍品も測定できる。幸いなことにGBO検知器は温度が低いほど感度がよくなるのです。**チェルノブイリの悲劇は、汚染された食べ物や飲み物をその汚染のレベルを知らずに、長期間摂取し、継続的に内部被曝したことに大きな原因があると考えられています。**

ところで、例えば、島津製作所で様々なベルトコンベア式の機械を作ることができるかというと、そうではありません。島津製作所は計測器が得意です。だが、ほかの分野・技術は他社の応援が必要です。だから他の企業も協力し、経団連や経済同友会などが全面バックアップし日本の総力を結集し、オールジャパン体制で食品の検査を推進すべきです。セシウムの半減期は三〇年です。少なく見積もっても今後五〇年くらいは食品検査が必要になるのです。

●室内の机やイスを雑巾で一生懸命に拭いても意味がない

「除染」について考えてみましょう。セシウムの半減期は三〇年です。三〇年で半分になる。一〇〇年で十分の一。我々が一般に行なう除染は、隔離して減衰を待つ方法です。これが結果的にいちばん効率がいい。水をかけて洗い流してしまえば、そこの部分はきれいになります。だが、汚染物質が川へ行ったり海の底へ溜まったりします。環境中にある間に人体被害や食品汚染を起こしてしまいます。私は三〇年ほどアイソトープを扱っています。みなさんに申し上げたいのは、放射性物質で汚れてしまったものは、丸ごと代えないとだめだということです。

屋根が汚染されたら屋根を代える、舗装道路が汚染されたらアスファルトを代える、土が汚染されたらそれを隔離する。このことをやらない限り、除染はできません。

研究室では一台一〇〇万円ほどする器具を使います。アイソトープの実験を繰り返すと、その器具は汚染されます。お湯をかけても酸できれいにしようとしても、アルカリを使ってもだめなんです。放射性物質の付着が限度を超えたら廃棄する、これが現状です。

高圧洗浄器は一時的には有効です。しかし、もとはクルマ用の洗浄器でした。新しい金属なら高圧洗浄でけっこう落ちますが、万能ではありません。スレート、コロニアル風の屋根、壁、カラーベストの屋根など、福島では一般的に使われています。瓦の表面の塗り剤も新しい場合はいいのですが、基本的には代えないとだめなのです。しかもセシウムは、下水道を通して流れ、川下のほうで凝縮されます。これがいちばんの問題です。

保育園や幼稚園などの室内で放射線を測り、少し高い数値が出たとします。そうすると、保母さんたちが放射線が高いからといって机を一生懸命拭いていた例に出合いました。お気持ちは分かるのです。しかし、まったく無駄です。放射性物質は屋根、雨どい、土にあります。だから屋根、雨どい、土を除けば必ず下がります。室内の机やイスを一生懸命拭いても意味がないのです。

放射性物質がなくなれば必ず放射線量は減ります。家の中を一生懸命拭いてもだめなのです。屋外にあるものを除くことが鍵になります。これができれば線量は極端に下がります。しかし、莫大なコストがかかるのです。

●妊婦や子どものいるところをまずきれいにする

南相馬市を最初に訪れたときでした。桜井市長さんというのはなかなか決断力があり、一〇億円借金をして、幼稚園と学校の除染を始めてくれました。庭がとてもきれいになりました。ガンマ線は六〇メートル飛びます。ですから、一〇〇メートル×一〇〇メートルの庭を除染すると、その真ん中はいちばん線量が低くなります。

福島で問題なのは、表面に入れた川砂が飛ぶため、表面を固定する必要があることです。幼稚園などでは芝を植えます。新しい土を入れても、その土が土埃となって舞い上がる。結果的にあまり効果がないのです。私は、次は土埃対策だと思っています。

南相馬市の五つの幼稚園にかかわりましたが、だいたい全部一～二ミリシーベルトの間くらいに押さえ込むことに成功しています。ただ、唯一残ってしまうのは屋根からの線量です。保育園で屋根を代えるのに二〇〇〇万円かかる。安い額ではありません。それでいまちょっとギブアップしているというのが実情です。

二階建ての場合、屋根、壁、敷地、駐車場など家屋の平均的な除染の費用は、某ゼネコンの算出によると、五六〇〇万円です。ハウスメーカーにも知恵を絞ってもらいコストの軽減を図っていますが、全体で二兆五〇〇〇億円かかってしまうかもしれません。

莫大な金額です。しかし、これは国全体が覚悟を決めて、決意を持って取り組まなければなりません。住宅の除染は、安かろう悪かろうではいけません。きちんときれいにする。いちばんだめなのはお金を薄くまいて、効果がないこと。

二兆五〇〇〇億円が無理だというなら、一五〇〇億円程度しかないのなら、せめて妊婦や子どものいるところはきれいにするというようなことをやらなければならない。順番を考えて進めていく計画をしっかりと立てるべきです。重点的にメリハリをつけることが大事です。

●セシウムはケイ酸の多い場所に集まる

福島の農民の方は、かなり絶望的になっています。安全宣言が発せられたのに、その後に基準値を超えたコメが出て、ストップがかかってしまったからです。セシウムは空から降ってきます。

セシウムが入りやすいところは、イネの葉っぱです。イネの葉はケイ酸が多い。農家の方はご存知ですが、手の切れる葉を持っている植物にはケイ酸が多い。だから、稲わらにセシウムが溜まり、雨が降り、乾燥し、また雨が降る。これを繰り返しているうちにセシウムの濃度が上がり（濃縮され）、ウシが飼料として食べ、その肉や牛乳に高い数値が出たというのは、容易に想像がつきます。セシウムはケイ酸に集まりやすい性質を持っています。稲穂自体にはそれほどセシウムは入らないはずです。

ケイ酸が多い土地の代表は粘土です。田んぼの土壌ですね。粘土には稲の生育に欠かせない栄養分がたくさん入っています。そして、この粘土にはケイ酸が多い。ここにセシウムが集まるのです。

基準値を超えたコメが測定された理由を少し考えてみます。恐らく七月末から八月ころにイネに入ったのではないかと考えられます。落ち葉などは夏になると細菌によって分解されます。このとき、有機物（枯葉など）に付着していたセシウムが、有機物が分解されて放り出された可能性が高い。

水の中にあるセシウムは、だいたい粘土にくっついています。よくセシウムが山から水で流れてくるといいます。しかし、水の中それ自体はそんなに数値は出ていません。**地下水についても南相馬市や浪江町でかなりの量を計測しました。だが、セシウムはそれほど検出されていないのです。**

高い数値を示しているのは、粘土にくっついているものが流れてきた河口。底に棲む魚のヒラメなんかにもけっこうセシウムがくっついています。

粘土について繰り返します。**粘土にあるケイ酸の分子構造は、実は分子構造の穴の部分にセシウムがピッタリとはまりやすいのです。これがセシウムをグリップします。**ナトリウムやマグネシウムのサイズを原子論的にあてはめてみるとイオン系のサイズはセシウムと異なります。ナトリウムで洗ってもセシウムはちっともはがれてこない。マグネシウムでも同じです。

●セシウムは浅地中処分がベスト

これまでの世界の経験は、粘土にくっついたセシウムをきれいにしようとすればするほど、放射性のゴミが増えてしまう結果になるということです。だから、この方法はやめたほうがいい。コンテナかなんかに入れて浅い地中に入れて、半減期を見据えながらのんびりと減衰期を待つというのが世界のやり方です。

セシウムのゴミ（放射線廃棄物）は高レベル、中レベル、低レベル、さらに下のごく低レベルという議論は、慎重に考える必要があります。

だから、中間処分場とか最終処分場などという議論はやめたほうがいい。原発、とくにセシウムのようなゴミは世界では、いわゆる浅地中処分といい、あまり深く掘らずに、地下水までいかないところで、古墳時代の後円墳のように盛り上げ型にして、上と下に防水層を入れればいい。大事なのは、チェックのためのドレーン配管を付け、漏れた場合には分かるようにすること。それだけでいい。人工バリア型の保管場です。これが世界のスタンダード、趨勢です。

先ほども申し上げました。**完全に無毒化することは不可能です。このことにあくせくするのではなく、眠らせて時間を待つのです。彼らの半減期を有効に利用するのです。現時点では、仕方ないのです。**

実はあまり知られておりませんが、アメリカは、土木工事に利用するための核実験を国内で二十数回やっています。セシウム汚染地域など、国内にそのつどたくさん出ています。フランスも国内にたくさんの核廃棄物を抱えています。

林野庁が国有林内の仮置き場へといっていますが、こういう施設は、特定された県や自治体ではなく、各地区に作るのが有効だと思われます。

●バイオマスを復興に組み合わせる

放射性廃棄物を国有林の中で管理するのは、有効な手段の一つといえます。ただし、国有林の中に、セシウム最終型の焼却処分場といっしょに人工バリア型の処分場を作ってほしい。バイオ科学や石油化学の企業はとても熱心です。イランからの禁輸措置、石油価格の高騰に苦慮していますが、化石燃料からバイオマスにエネルギーの転換を必死で考えています。植物は光合成で石炭や石油を作ってきた。二〇〇二年のイラク戦争以降バイオマスへの関心は高まっています。チップやペレット市場（木質燃料）が形成されればバイオマスの可能性は広がります。

フィンランドのエネルギーでは一次資源の森林起源が三四％あります。バイオマスへの取り組みは、世界ではフィンランド型とオーストリア型がある。フィンランドは泥炭地ですが、オーストリア型は簡易林道を作りながら森林の力を利用する。林道にガードレールを設置するなどというムダな予算は一切付けず、機械で林道を通し、伐採したものを使う。

可能性が高いのは熱電供給型です。敷地が一〇〇メートル×一〇〇メートルくらいでできる。また、作業プラントは、線量が高いところでも作れます。家屋の屋根の線量が高いとお話ししたが、実は森林にたくさんのセシウムが降っています。これを時間をかけて除染しなければなりません。

浪江の人たちと話しているのは、**三〇年くらいかけて、周りの木を伐採し、きれいな木に植え代える。伐採した木を燃やすと、セシウムが出ます。ただし、燃やす温度を調整することで、セシウムなど放射線物質を九九・九九九％取り除ける仕組みができています。**

福島は日本の森林の四％を持っています。けれど林道の整備率がものすごく悪い。ただし、林道を整備して、国有林の中に保管所を作るというだけではゴミ処理のイメージしかできません。むしろ焼却場とバイオマス発電所を作る。それで除染と植林と伐採を上手く組み合わせ、同時にペレット市場のようなものを形成するのです。

●必要なのは前向きなエネルギー

チェルノブイリは、実に広大な平坦な土地があります。人口の密度も低い。事故当時は土地の私有のない共産主義社会です。日本は平坦地が少ない。平坦地の土地は所有権がはっきりとしています。被災地の復興・再生のためには二一世紀の日本に合った知恵を総力をあげて出していく。そういう前向きなエネルギー政策が必要です。ソフトバンクの孫正義氏は、私財を投じ、太陽光や地熱、風力発電など自然エネルギーの利用について前向きに考えています。孫さんのグループの人たちがこの可能性の検討をしてくださっている。彼のようなエネルギーを持った人を国が応援してほしいものです。とにかく、開き直ってでもどんどんやる。このような姿勢が必要だと思います。

ところが、国の各省庁にこのような積極的な気持ちがあるのでしょうか。

国土交通省は、凍結されていた東京外郭環状道路（外環道）の練馬―世田谷間約一六キロの建設工事を再開するという。震災対策や、東京都が進める二〇二〇年の五輪誘致に向けて、物流網を整備する必要があると判断したという。総事業費は約一兆三〇〇〇億円です。こんなことでいいのでしょうか。

●常磐自動車道の開通が急務

急を要するのは、常磐自動車道です。広野—南相馬間を半年で開通させる。そのほかに二〇キロ圏内の道路、森林の林道整備を進める。常磐自動車道は。原発から六キロ離れて通してあります。高線量地帯で両側に遮蔽壁を設けるなどしなければなりません。ところがこれはたった四〇〇億円でできる。生活道路としても活用できる。

これを国土交通省に必死で頼んでもまったく見向きもしてくれない。このままでは、浜通りの経済は壊滅します。近くには、日立の工場などの関連会社が多い。南相馬で日立に廻るのに南相馬から二本松を経由して山を越え、雪が降ったらチェーンをしなければならない。こんなことで経済が復興するわけがないじゃないですか。

私たちは現地で計測していますが除染と遮蔽の計画は全部できています。それでもたったの四〇〇億円です。だから、この地域の復興というのであれば一も二もなくまず常磐に道路を通さなければならない。

●道路はアクセスの要、経済の動脈

常磐自動車道は六キロ離れている。ここを通る常磐自動車道に屋根をつける。そして開口部も作る。その開口部に洗車機とか線量計を置いて、汚染地域から入る車はきれいにして入る。空気清浄機も置く。そして、五〇〇メートルごとに緊急避難所を作り緊急事態に備える。当然のことながら、再度原発事故が起こることによる放射線対策はしっかりとるべきです。

現在、住民の一時帰宅にしても、みんな危険な道路を通っています。途中に一トンの石が落ちていたり、ボロボロになった電線がたれ下がっているようなところを走っている。

復興をいうのであれば、常磐自動車道と周辺道路の整備、そして森林の林道の整備を進める。常磐自動車道は八割がた盛土などが終わっている。ですからさきほど申し上げた人工バリア型の敷地に転用することも可能です。いってみれば基礎工事は八割ほど終わっているのです。東日本高速の佐藤社長は昭和電工の役員だった方で、経済同友会の雇用対策の委員長などをやってきた方です。非常に気骨のある方々です。佐藤さんは、一月四日の朝八時に私に電話してきました。「八日に野田総理が常磐自動車道のインターを見に行くから、データを持ってきてほしい」と私に頼みました。それくらい熱心。だけど国土交通省がいちばん不熱心。これはぜひみなさんの力で、変えていただきたい。**道路がなければ除染も何も始まりません。道路の安全**

対策、除染、これがまず先です。道路があればみんながアクセスできます。さらに道路は経済の動脈でもあるのです。これが実現するだけで、どれだけ住民の方々の気持ちが前向きに変わるか。

政治家は人間の気持ちに敏感であってほしいと思います。最後にいちばんの問題を申し上げます。私の車はGPS付きの線量計が付いています。計測によると原発から南に下りるあたりはかなり線量が高い。復帰はかなり難しいでしょう。繰り返しますが、とにかく常磐道を通して、徐々に除染と復興を実現していくというのが私の考え方です。

また、新しい街を作るという発想が必須になります。また、線量の高いところは毅然とした決断が必要です。家も建物も壊す、木も伐る、土も除くというのをやらないと、除染は無理です。これをやるためには従来の街を全部潰さざるを得ない。当然、従来と同じような環境の復帰、震災や原発事故前と同様の居住は不可能です。この認識がまず欲しい。

●東北復興の原動力になるような新しい街を作る

新しい街構想にこんなアイデアがありました。浪江町の常磐線の東側は、町役場を中心に復旧、復興を計画中です。西側はかなり戻るのが難しい。ですから、現在二本松に避難中ですが、二本松市ではインターチェンジの西側、一〇〇ヘクタールを工業団地用地として持っている。それを工業団地ではなく、まとめてブルなどで上部の土を除き、きれいな場所を作る。このように完全に除染したところを生活文化産業団地にするということを二本松市長は考えていらっしゃる。素晴らしいと思います。除染が完了した場所には、浪江町からの避難者や、妊婦、子ども、若い夫婦などで、希望する人を優先的に入れる。それで保育所や幼稚園施設などを真ん中に配置する。伸び伸び子ども公園や商業地域を作る。住宅地域の真ん中を、子どもが安心して土遊びができるような場所にするのです。

福島には現在アウトレットモールがありません。アウトレットモールができるといいですね。このようなことを相談したりしています。

太陽光発電の先端企業が組立工場を作るという話もあります。とにかくまとまったエリアをきれいに除染して、昔の工業団地ではなしに、生活空間の拠点とし、福島が東北の復興の原動力になるような新しい街を作る。このことをみなさんでぜひ応援していただきたい。そうすればもっともっと新しい力が出てくるのではないでしょうか。

これらにプラスして、エネルギーとしての森林発電、バイオマス発電を進める。このような方向性を国として、政策として考えていただきたいと思っています。ご清聴ありがとうございました。

3　質疑応答

〈質問1〉ＧＢＯ検知器についてお尋ねします。さきほどＪＡの倉庫ではだめだというお話でしたが、どれくらいの面積を検査室として必要だと先生は想定されていますか。

児玉　部屋（検査場）自体がきちんと遮蔽されていること。できたら米袋に土ぼこりなどが付着しないようにしたい。埃が付着していると機械も汚れてしまいます。できれば、エアカーテンのようなもので検査員も検査する物も、チリや埃を飛ばしてしまいたい。このような仕組みを備える工夫が必要です。とにかく、線量のバックグランドを下げる。バックグランド（周辺環境の線量）さえ下げられればＪＡの倉庫でも十分です。

私ひとつだけビックリしたのは、従来の放射線審議会の関係者の方が、私が菅総理のところに行ったあとで、そんなものができるわけがないとか、妨害している人がすごくいるのです。とても腹が立ちます。機械にいろんな欠点があるのはあたり前じゃないですか。機械を改良しながらやっているのですから。機械のバージョンには、弱点もあります。そういう弱点を見つけて喜んでいる。これが日本の風潮なのでしょうか。原子力村の人たちのなかにこのような傾向の強い方がいる。これは本当に許せない。

むしろ、みんなで力を合わせて住民のためにシステムを作る。日本の科学技術力はすごいのです。足りない部分をみんなが補う。島津製作所が作れば、東芝だって、日立だってできるんですよ。**欠点ばかりをあげつらわれると、開発しているスタッフは、外部に対してすごく慎重になってきます。絶対にパーフェクトなものができるまでは外に出せないというふうになり萎縮してしまう。これは不幸なことです。**

私は従来の原子力関係者に、猛烈な反省を促します。自分たち以外の人たちが入ることにものすごく敏感になっている人がいます。これではだめです。もっと日本の科学技術は進んでいます。原子力機構などよりはるかに上回っています。さらに、五〇〇〇人の公務員がいちばん邪魔しています。官業では無理です。検出感度を上げる努力はプレーヤーです。国はジャッジであって、プレーヤーじゃない。民間のすぐれたプレーヤーを登用する、本当に技術を持っている人を登用する。外部の人でも重視する。ここを変えないと絶対に上手くいかない。これが鍵です。看板をいくら代えてもダメです。

〈質問2〉すでに内部被曝を受けている人たちは相当数いるのではないかと思います。ここをどうフォローアップし、最終的に三〇年間をどのようにするのか。また、リスクの高い人たちの集団をどういうふうにするのか。カテゴリーを分けていくということでしょうか。このような点に関し、何かお考えがありますか。

児玉　いちばん大事なのは、地域での診療をきちんと行うことです。その体制を再確立しなければなりません。現在、医療関係者の数が減っています。閉じている病院も多い。現地に行って強く感じるのですが、例えば子どもが鼻血を出したときに相談に乗ってくれる人がいない。こういう日常的なことがとても心配なのです。私はお母さんや学校の先生が健康被害に対してこれが何につながっているのか、腎臓なのか、肝臓なのか類推するのは難しいと思います。学校医も含めて地域の医療がちゃんとしていなければなりません。これがすごく大事です。医療関係者が線量などを見てこれは危ないと感じていることだとは思います。しかし、ぜひ国の政策として、地域医療の整備をやっていただきたい。**お母さんが子どもの健康に対し不安に感じたら二四時間体制で相談ができる仕組みを作ることです。福島の場合、チェルノブイリから出た核種とも違いますし、環境も異なります。ですから、違う問題が起こってくるかもしれない。**その上であなたは甲状腺の検査をやったほうがいいと判断されれば専門のお医者さんを紹介する。これが、内部被曝を受けた方のケアにつながります。私は、地域医療がいちばん検出感度がいいと思います。地域でしっかりと時系列で見て、これまでの経緯をよく知っている先生たちが親身に相談にのってくれる仕組みを一刻も早く作ることが大事だと思います。

〈質問3〉枝野官房長官（当時）は、「ただちに健康には害がない」「たいしたことない」と発現していた。ところが、フランス大使館は職員や従業員を三月一三日の段階で関西以西に逃げろと指示を出している。アメリカ政府も避難を考えていた。ところが日本政府は、そのような情報はなかったという。日本政府が、正確な情報を現地の人たちに通達しなかったことは私は非常なミスだと思うんですが先生はどう思われますか。

児玉　原子力災害基本法は原子力災害が起きますと、すぐに全省庁を集めて、原子力災害対策本部を通じ、すべての省庁はその下につく仕組みになっている。それで、科学技術的な事象に対しては原子力安全委員会が責任を持つことになっています。ＳＰＥＥＤＩ（スピーディ）の公表も、住民安全に関する方針を出すのも原子力安全委員会です。驚いたのは、南相馬に入って、二〇キロ以内の線量の低いところから、三〇キロ圏内の線量の高いところに避難させられていたことです。菅首相へメールを送りました。これは早急に方針を変えないとまずいと申し上げた。案の定、原子力安全委員会の人から、先生はまさか安全委員会の決定にさからうようなことはしないでしょうねとクギを刺されましたが……。基本的には専門的事案に関しては、スポークスマンが誰であれ、今の仕組みでは、原子力安全委員会が主導している。除染法も最初官邸に行って菅さんから見せられたときには、原子力安全委員会は入っていなかったのですが、最後には五六条で原子力安全委員会が全部引き受けることになった。そうすると、いまおっしゃられたことの最大の責任はこの専門家委員会にあると思っている。ところが、専門家委員会のなかに原子炉の専門家はいるけれども、住民のことを考える人は誰もいない。今日に至るもまったくそうで、どうして私たちが食品の機械を開発したり、道路の開通をお願いに行ったりしているのか、本当はこういうところがやるべき仕事なのです。ところが、まったく機能していない。専門化委員会の仕組みに内在する問題は深刻です。

医者をやっていてよく分かるのですが、責任論なんです。作為責任と不作為責任。今の日本のマスコミは何かやろうとしている人を持ち上げて、その後で足を引っ張ってド～ンと落とす。その結果、本当の責任の所在があぶりだされない。

もともと持っていた日本社会の良さというのは、言われなくても矜持を持っている人がいた。そういう人が社会を支えていた。これが日本社会の良さだった。スタンドプレーではなく、自分の基本的な仕事は何かを絶えず考え責任を持つ。今回は、目立つ人、絵になる人だけを取り上げますが、本当の責任者、決定者という問題を考えていない。これが変わらないと日本の行政なども変わらない。本当によくなりません。

不作為に逃げる。今年がそれらを是正するチャンスです。基本的な仕組みを看板の架け替えではなくやらなければならない。構成委員の中に原子力安全委員会の少なくとも過半数は、計測の人、食品の人、住民のことを考える人などを入れておかなければいけない。これまではほとんど原子炉の人だけがいて、絶対安全ということでやってきました。やはり利害関係者が中心で安全委員会を構成するのは問題があります。

原子力委員会が考えるべき安全は、国民の安全が第一です。この認識が徹底されない限り、原子力安全委員会は、国民から信用されないでしょう。

4　私自身のまとめ

ここでは採録しなかったが、衝撃的なお話がいくつかあった。補記する。

三月二八日、立て坑に溜まった水の表面で一〇〇〇ミリシーベルト以上の強い放射線が検出された。そして、2号機の取水口付近のピットの亀裂から同じく一〇〇〇ミリシーベルトを超える放射能汚染水が海に流出していることを東電が確認した。テレビの映像などでご記憶の方も多いと思う。壊れた水道の蛇口から無軌道に水が漏れ出ている、あの水のことである。「ああ」と口を覆いつつ、誰にも止めることができないあのピットの水漏れである。

児玉先生は、アイソトープセンター（研究所）で、研究のため高濃度の放射能汚染水を研究用に購入している。この原液はとても高価なものだという。ところが、2号機の取水口付近のピットから漏れたピット水のサンプルを分析すると、研究用に購入する原液よりccあたり一〇倍以上も濃度が濃いという。研究用として購入する原液の購入値段に換算すると、何億円にも相当するというのだ。

また、2号機の下に大変な量の汚染水が溜まっている。アイソトープセンターでの鑑定では、広島原爆の四個分くらいの放射性物質があの地下の水の中にあるという。

質問の中に広島、長崎の原爆と比較してどうかというものがあった。先生のご指摘では、熱量から換算した場合、広島原爆の二九・六個分に相当するものが漏出。ウラン換算では、二〇個分が漏出した。恐るべきことは、原爆による放射能の残存量と、原発から放出されたものの残存量を比較すると、一年経って原爆の場合は一〇〇〇分の一程度に低下したが、対して福島第一原発事故による放射線汚染物質は一〇分の一程度にしか減らないというのだ。つまり、今回の福島原発の問題は、チェルノブイリ事故と同様、総量で原爆数十個分に相当する量が漏出し、原爆汚染よりもずっと大量の残存分を放出したということである。

内部被曝、追加被曝の問題はさらに重要である。一〇年、二〇年、そして三〇年と経過しなければ健康被害の実態は明らかにならない。だから細心の注意と配慮が必要なのだ。正確な食品検査はここ五〇年はきちんと行なわなければならないという。

●SPEEDI＝スピーディは動いていた

先生は七月二七日（平成二三年）の衆議院厚生労働委員会での質疑の際、SPEEDI（スピーディ＝緊急時迅速放射能影響予測ネットワークシステム）が動いていたのにもかかわらず情報が発表されなかったことについてどう思うかを問われ次のように答えている。

「スピーディは動いていました。スピーディは一二八億円かけて導入したコンピュータです。私も仕事でスーパーコンピュータを使っているので、スピーディのチームが事故直後から動いていたことはよく知っています。

予測と実測ということがあります。政府は、必要なデータが全部そろっていなかったから、予測結果を発表しなかったと言っています。だがこれは違うのであって、データがいろいろ足りないから、予測が大事なのです。データが足りない中で、危険性など「いちばん可能性が高いのはこういうことだ」という結果を出すのが大事なのであって、データが全部そろっていたら、それは実測です」

データが全部そろっていなくとも、風向きの変化の情報だけでも避難に有効だったはずだ。

同じような怠慢、国民の生命と財産を守るという意識に欠けた不手際、隠蔽体質、タテ割り行政の無責任体質がさらに明らかになった（一二年六月）。事故直後の三月一七～一九日にかけて米エネルギー省が米軍機で福島第一原発付近を上空からモニタリングした詳細な汚染地図である。政府はそれを公表しなかった。北西方面に高濃度に放射性物質が帯状に延びているのが一目で分かる地図である。これを知っていれば、避難した人々は、少しでも遠ざかろうとして北西方向に向かい、あえて線量の高い地域に入ることもなかっただろう。文科省も保安院もアメリカから提供されたデータを黙殺したのである。政府の責任は極めて重い。

この事故の深刻さを改めて認識しなければならない。この先、三〇年、五〇年、恐らく私はこの世にいないだろう。だが、確実に次の世代に詳細かつ具体的な手立てを講じ、その道筋が見えるほどにこの過酷な〝過去〟を手渡していかなければならない。今日明日の問題ではない。日本と世界の未来がかかっている。情報の隠蔽体質と、その場しのぎの取り繕いはもういい加減にしてほしい。百歩、いや千歩譲って「ただちに影響はない」にしても、確実に影響は表れてくる。日本国の本気の覚悟が必要なのである。そうでなければ、被災地の方々はもちろん、次世代も、世界も納得しない。

第七章　なぜ、収束に向かわないのか！　冷温停止はまやかしである

～第一七九回国会　衆議院予算委員会（平成二三年一一月八日）

■われわれの予測がことごとく当たっていて、政府のそれはなぜはずれるのか

原発問題に関し、国会で質問させていただくのは三回目になる。四月二七日（二一年）の質問のときには、もうとっくにメルトダウンは起こっていた。だから、水棺化（冠水化）などできるわけがないと申し上げた。にもかかわらず、政府はメルトダウンさえ認めようとはしなかった。八月一〇日の質問では、循環型冷却システムは、上手く働かないだろう、そしてまた年内の冷温停止宣言は、まやかしであるとも申し上げた。このことは、メディアも次第に気づき始めている。

私は、「原発問題が収束しない限り東日本大震災は終わらない」とこれまで一貫して主張してきた。だからこそ真剣に勉強し、質問を繰り返してきたのだ。だが、前回も前々回もほとんど誠実な答弁がなかった。ここには総理も出席されている。しっかりとお答えいただきたく、強く迫る覚悟をもって質問に臨んだ。総理大臣、原発事故担当大臣、原子力安全委員長、経済産業大臣、厚生労働大臣、農林水産大臣、東京電力常務取締役などに質問した。この模様はＮＨＫが放映し、高い視聴率を得たと聞いている（「衆議院ＴＶ」で観ることができる）。

村上　最初に申し上げる。三月一一日の原発事故発生からすでに八か月が経過するが、なぜ収束しないのか。ご承知のように世界的な事故であったチェルノブイリの事故は、一〇日間で収束しました。スリーマイル島は、一六時間で電源が回復し、おおむね一〇日間で収束しました。野田総理にまずお伺いします。なぜ、八か月も経つのに収束しないのですか。

委員長（中井洽　以下委員長）　細野豪志原発事故収束及び再発防止担当大臣。

村上　委員長違います。総理に訊いている。

細野　委員長のご指名ですので答弁をさせていただきます。チェルノブイリと比較をして、委員のほうからご指摘がございましたが、チェルノブイリと今回の原発事故は状況が異なっている。チェルノブイリは炉自体が爆発をした。多くのものが飛び散って、そのあとの対応ということです。一方で今回の事故の場合は、建屋は確かに水素爆発をいたしましたが、炉の中には大量の燃料が残っております。プールの中にも大量の燃料が残っております。それをまず安定した状態で冷却を続けるというのが非常に重要になってまいりました。その冷却機能を回復させるのに、村上議員ご指摘のように、いくつかのトラブルが確かにございました。ご心配もおかけいたしました。安定的に冷却をさせて燃料の温度をしっかりと下げていく、そして放射線が、放射性物質が外に出ないような状況を確保していくことに時間を費やしているということであります。

第一ステップが終了して、現在第二ステップに入っておりますので、安全確認をしっかりやった上でなんとしても年内には冷温停止状態までもっていきたいと考えております。

村上　まったく答えになっていません。では最初にお伺いしますが、メルトダウンが当日に起こっているのにもかかわらずなぜ二か月も三か月もそれを認めないで、できもしない水棺化を言い続けたのですか。

細野　当初起こった状況について、最悪を想定して、そういう状態なんだということについて、可能性を指摘することができなかったことについては政府の分析の甘さは私もあったと思っておりまして、反省をしております。正確にはメルトダウンそのものを真っ向から否定をしていたというよりは、私どもは、燃料溶融はしているけれども、溶融の程度が分からないというふうな言い方をしておりましたが、それが分析の甘さということであれば、真摯に反省をしなければならないと思っております。一方で、水棺についても、水棺というのはさまざまな専門家の意見の中で、燃料が水に浸かっているという状態がいちばん安全だという分析がございまして、チャレンジをいたしました。ただそこも、原子炉圧力容器、格納容器、双方に水をためることができないほどのアナがあいていて、水棺化することができなかったという意味では、トライはいたしましたけれども実現はできなかったということであります。重要なことは、水棺という手段はひとつ挫折をいたしましたけれども、しっかりと冷却を続けることだということの判断をいたしまして現在その作業をしているところです。

●誰が中心となって行い、誰が責任者なのか。その顔がまるで見えない

村上　委員長注意してください。現在細野さんが言っていることはみんなが分かっていることです。私が言っているのは、なぜ七～八か月もなるのに収束しないのかということを訊いている。はっきり申し上げると初期の対応と人事の失敗なんですよ。だからそれを野田さんにお伺いしたいんです。野田さんに答えさせてください。

野田内閣総理大臣　チェルノブイリとの違いはさきほど細野大臣がご説明したとおりでございますけれども、事故が発生をして以来、東電と政府でロードマップを作り、その工程表に基

づいて着実に収束に向けて努力をしていて、いまステップ2の冷温停止状態を目指している。来年の1月までかかるかも知れないというものを前倒しして今年のうちに実現するという運びで努力をしているところでございます。

村上　私の聞きたいのそういうことではなくて、**我々の予測がほとんど当たっていて、みなさんのやっていることがほとんどはずれているということです。そしてまた、はっきりと申し上げると、最初の取り組みについても、誰が中心になって作業しているのか、誰が責任者なのかまったく見えない。**誰がこのようなことを企画立案して、ヘッドクォーターとしてやっているんですか。説明できる方、教えてください。

細野　福島原発を所有し、運営しているのは東京電力でありますので、東京電力に大きな責任がございます。ただ一方で、これだけ厳しい事故が起こっておりますので、一民間企業にこれを任せるわけにはいきませんので、政府にも東京電力と同等、もしくはそれ以上の責任があると考えまして、統合対策室を作って作業を進めてまいりました。その責任者は当初は海江田大臣です。私がサポートをしておりました。その体制から私が閣僚になりまして、枝野大臣ももちろん大きな役割を果たしていただいておりますけれども、実質的には私が東京電力の役員と責任を持ってさまざまな重要な決定に携わっているということであります。

村上　ではここまで長引いているのはあなたの責任だということですね。

細野　いろいろとみなさまにご心配をおかけしておりまして、世界にもまだこれで収束という事態に至っていないということに関しては大変申し訳なく思っております。そのすべての責任は私にございます。

●津波後ではなく、地震直後にダメージがあったのではないか

村上　正直申し上げて、このような大変な事故を一私企業に任せること自体、無理だと思います。ここに前の沖縄総領事、国務省東アジア・太平洋局日本部部長ケビン・メアさんの本（『決断できない日本』）があります。東電一社に任せることは誠に気の毒であると書いている。私が何を言いたいかというとそもそも最初の瞬間、これはもう細野さんに聞いても仕方ないので、専門家に聞きたいと思います。ここにブルンベルグの記事があります。「福島原発、津波が来る前に放射能漏れの可能性、地震ですでに打撃か」と書いてある。班目委員長、お伺いし

たいんですが、科学者の良心としてお答えいただきたいのですが、最初我々が漏れ伝え聞いたのは、地震が来て、そのあと津波が来て、バック電源が壊れて、そして、電源が復旧できないから、メルトダウンが起こったというんですが、真相はどうなんですか。

班目　少なくとも原子力安全委員会のほうで、把握している事実といたしましては、ただいまおっしゃられたように、津波によって全交流電源喪失および直流電源も喪失して、このような事態になったというふうに承知してございます。

村上　アメリカが非常に関心を持っているのは、なぜ水素爆発が起こったのか。そのプロセスですが、アメリカは正直に言っていまの説明では納得していないようです。委員長はいまのままでいいと思っていますか。

班目　水素爆発につきましては、格納容器から漏洩した水素が建屋内に充満し、起こったものだと理解してございます。これからいろいろな事実の解明が必要だと思いますが特に外国からの指摘で問題になっている点はないと理解しています。

村上　班目さんが最初に言っていたのは、まさか水素爆発が起こると思わなかった。水素爆発が起こると思わなかったから菅さんを翌日の朝、テレビカメラを連れて現場に視察に行かせた。それは間違いないですね。

班目　現地にヘリコプターで出発する時点では、私の理解ではまもなくもうベントが行われるというふうに考えてございました。もし、ベントが迅速に行われるならばこの水素爆発もなかったであろうと今でも、私としては信じております。

●繰り返した「ただちに健康への被害はない」の根拠

村上　ここが重要なところです。お分かりのようにベントは、三月一一日中に行う必要があったわけです。それが遅れたことにより水素爆発が起きた。そして、大きな災害が起こった。福島原発事故対応の時間的経緯を示しました。一一日に、地震または地震直後にバック電源が喪失しメルトダウンが始まる。**これには、いろいろな説があり、地震直後にメルトダウンが始まっていたのではないかという説もある。三月一二日に、菅さんが朝六時に福島原発を視察し、ベントの開始が遅れ、水素爆発が起きた。**

三月一二日から一五日の間に、1、3、2号機と、次々と爆発して、広島原爆の熱量に換算すると、ウラン235では二〇倍、セシウムでは一六八倍です。はっきり申し上げて大惨事でありました。**枝野さんにお伺いします。あなたは当時官房長官で、連日記者会見で、ただちに影響がないとずっと発言なされましたが、この現実をみて、どうしてあのような発言をなされたのですか。**

枝野　三月一一日からの最初の二週間で三九回記者会見を行なっておりますが、このうち「ただちに人体、あるいは健康に影響がない」と言うことを申し上げたのは、全部で七回でございます。そのうちの五回は、食べ物飲み物についての話でございまして、一般的に現在の事故の状況が、一般論としてただちに影響がないと申し上げたのではなくて、放射性物質が検出された、確か牛乳だったと思いますが、それが一年間同じ当該規制値の量を飲み続ければ健康に影響を及ぼす可能性があるということで定めた基準値についてのことでございまして、万が一、一度か二度そういったものを体外から摂取したものであれば健康に影響を及ぼすものではないということを繰り返し申し上げた。それ以外で「ただちに人体、あるいは健康に影響がない」と言うことを申し上げたのは、一箇所、結果的に北西部が放射線量が高かったわけでありますが、ここに高い放射線量が出てきたことについて、これが長時間滞在するということではなくて、短時間で影響を与えるような放射線の量ではない、したがって、いまその周辺地域の放射線の量のモニタリングを強化して、そして、そういった地域に長い時間住んだりして大丈夫なのか、ということを確認するということを申し上げたもので、結果的にそれに基づいて計画的避難区域ということで避難をいただいたということです。

●米ルース大使激怒の理由

村上　委員長、ちょっと注意してください。私の質問にぜんぜん関係がないことを答えている。こういった事実があるのに、それを国民に知らせなかったのはなぜかということを聞いている。はっきり申し上げます。日本が核攻撃を受けたけれど「ただちに影響がない」と政府が言うようなものです。内容もそれに匹敵するようなものである。もうひとつ枝野さんにお聞きします。**アメリカ政府がすぐに、協力の要請の申し入れをしてきた。なぜ、菅さんとあなたはそれを断ったのか。アメリカが協力を申し出てきたときにどういう協力をするとおっしゃっていたのかを教えていただきたい。**

枝野　まず二点目から申しあげますと、少なくともアメリカからの協力について私が協力はいらないというような主旨のことを申したことは一度もございません。それから具体的なことについては、実務ベースで専門家同士で詰めてくださいということで専門家同士でお話をいただくという場を作ることにいたしたものでございまして、それ以外のことは私は直接関知をいたしておりません。それから、結果的に事後的に何月何日に原子炉からどういった放射性物質が出たかということは、事後的には明らかになったわけではありますが、三月一一日、一二日、一三日のころの時点では、こうしたデータは、少なくとも私のところには入っておりませんでした。周辺地域の放射線量をモニタリングをした、その数値がまさに健康や人体に影響を与える可能性、そして、事態が悪化した場合にそれがどの程度急激に数値が上がる可能性があるのかということに基づいて避難の指示などをいたしたものでございます。

村上　それではまったく話にならないですね。まず最初に、お伺いしたいのは、私の友人に奥さんがフランス系の企業に勤めている方がいらっしゃる。その友人から、**三月の一三日から一五日、フランス大使館から「大使館員は関西以西ににげろ」、そしてまたフランス系企業の従業員も関西以西に逃げろ、アメリカは八〇キロ圏外に逃げろと。ただ、アメリカ大使館がそういう指令を出したら、日本の国民が東京から大阪、名古屋に向けて大混乱になるから、このメイアさんが言っているのは、日本とアメリカの友好関係を害することになるからできないと。**

アメリカとフランスがこのような由々しき事態に対応しているのに、日本の官房長官がなぜ知らなかったんですか。それからもう一点、なぜ私がアメリカの協力要請に対して拒否したのかを問うのは、アメリカがたぶんホウ酸水を含むいろいろな手立てを提言したのではないかと思う。今回の事故を起こしたこの国はですね、やはりこの経験則を、世界の共通の経験則とするために徹底的な原因の究明と、その対策と、そして安全策をきちっと明示しなければならない。残念ながら七か月、八か月たって、一切原因究明に関する努力もしなければそれに対する明確な情報も発信されない。さっきも出たＴＰＰと同じですよ。ぜんぜん情報を出さないで、判断しろといっても、ＴＰＰの参加にしても、原発の安全基準にしても、どうやって判断するんですか。もう一度お伺いします。**官房長官たるあなたがアメリカからの協力要請の中身を知らないとすれば、アメリカの協力要請の中身を誰が知っていたんですか。**

枝野　繰り返しになりますが、私のところにはアメリカからの協力の要請があるし、私や総理のほうからも米軍などの最大限の協力をもらえということを、危機管理官であるとか、あるいは保安院であるとか、そういったところに指示は降ろしましたが、協力を拒否するような話は一切しておりません。あのような緊急事態でございますので、アメリカ以外の海外からもさまざまな支援やご協力のお申し出はありました。原発事故だけではなく、震災、津波、地震、そのものについても世界中からご協力の要請をいただいております。したがって、基本的な窓口は外務省においてやっていただいたと記憶をいたしております。それから、フランスやアメリカなど諸外国が、わが国に滞在されている在留の外国人に対するさまざまな指示が日本の政府として発した避難の指示などより広い範囲で行われているということは承知をいたしておりましたが、それぞれについてどういった根拠であるのか、具体的な根拠でそういった避難をする必要があるということについても、お話はございませんでした。私どもとしては、その時点で知りえた情報に基づいて、なおかつその時点の情報だけではなく、さらにこれが急激に悪化した場合の可能性も含めて健康に被害を及ぼさないようにと、避難の指示などを出していたものであります。それから、その後の検証についてでございますが、政府として把握をしている事実などについてはすべて公開をするようにと一貫して指示を出しておりますし、それについては出してきているものと思っております。これに対する分析、政府としての最終的な見解については、独立性を持った第三者委員会でいま検証していただいているので、ここは独立性が重要でございますので、そしてその進行状況について、直接把握をしたり、指示をしたりするようなことはしていないと承知をしております。

村上　この答弁は民主党内閣は無能であるということを自ら告白しているようなものです。

ここにも書いていますが、「官邸には情報がなかった」「全電源喪失を想定していたアメリカ」とある。班目委員長にお伺いします。班目委員長のところにも、アメリカが協力要請をしてきたこともなければ、どういう協力をしてくれるのかというのもなかったんですか。

班目　私は最初の四日間くらいはずっと官邸のほうに詰めておりました。その時点におきましてはアメリカのほうから何らかの支援要請があったというような話は把握しておりません。

村上　これは重要なことでして、アメリカの協力要請を菅さんも拒否したわけではないと。だが、アメリカのルース大使は激怒している。これは一度どこかで決着をつけなければいけないと思いますので、委員会の理事会でこの問題についてはっきりさせていただきたいと思います。

議長　承りますが、国会では事故調査の委員会が作られると聞いております。ここへ私のほうからも申し入れをしておきます。

●幼児や子どもになぜ安定ヨウ素剤を飲ませなかったのか

村上　三月一二日から一五日まで、放射性物質が飛散していたのにもかかわらず、ただちに影響がないと枝野さんか言われていましたが、政府の発表のために、幼児や妊婦にヨードを飲ませず、稲わらの保管指示も出さなかった。小宮山さんにお伺いします。あなたはそのときに副大臣でしたね。前回細川さんに説明したんですが、あなたはチェルノブイリにおけるポーランド政府の対応はご存知ですか。

小宮山厚生労働大臣　私はポーランドの対応を存じておりません。ただそのときは、私は労働担当の方の副大臣をしておりまして、こちらの厚生関係の担当は、もう一人の副大臣が担当しておりました。大塚副大臣です。

村上　これも前回質問したんですが、八月一八日の朝日新聞があります。甲状腺被曝の子どもが四五％いると。私は二か月前にも言ったんですが、一〇月を過ぎてやっとその調査が始まった。長野県の松本市長でもある菅谷昭さんが『チェルノブイリ診療記』という本を書いています。「秘密主義だった当時のソ連は隠蔽します。このために住民の避難が遅れました。上空からは放射性物質が降下しているのにもかかわらず、子どもたちは外で遊んでいました。この子たちがやがて次々に甲状腺がんを発症することになるのです。甲状腺は子どもの成長に欠かせない甲状腺ホルモンを作り出し、そのときにヨウ素が必要となりますが、放射性ヨウ素が体内に入ると甲状腺は通常のヨウ素と区別できないので、そのまま取り込んでしまいます。体内に入った放射性ヨウ素は放射線を出し続けます。これが内部被曝です。これがやがてがんを引き起こします。事故直後のソ連とは別に独立国で白ロシアの隣のポーランドはいち早く無機ヨードを服用させたために、甲状腺がんの増加は報告されていません。無機ヨード剤を投与する。これが甲状腺に入って、あとからくる放射線ヨウ素の進入を防止する効果があります。政府が迅速な対策を取ったかどうか、非常に明暗を分ける問題です」。

小宮山さん、もう一回お尋ねします。ポーランドは四日以内に全児童に飲ませた。あなたは労働担当の副大臣だったかもしれませんが、前回細川さんにお聞きしたら、それは私の管轄ではないと明言した。そしてまた、これは厚生省の管轄ではないともおっしゃっていたのですが、その答弁についてどう思われますか。

小宮山　おそらく細川大臣の答弁というのは、安定ヨウ素剤については原子力災害対策特別措置法に基づいて原子力災害現地対策本部長より、県及び関係市町村に服用指示が行われるということが指定をされているので、直接の担当ではないという答弁だというふうに思います。

●安定ヨウ素剤の服用は厚生省の所轄ではない!?

村上　妊婦や子どもというのはいちばん遺伝子が傷つきやすいんですよ。だから細心の注意を払わなければならない。私の同年の児玉龍彦先生が測定と除染を急げと、この本に書いている(『内部被曝の真実』)。ここに、安定ヨウ素がなぜ服用されなかったのか、消えた一枚のFAXというのがあるのですが、**「福島県内の子どもたちに甲状腺被害が浮上している。甲状腺の被曝を予防する安定ヨウ素剤をなぜ配られなかったのか」。私は政府委員制度を廃止したことはいちばんいけないと思うんですが、はっきり申し上げて厚労省のなかでこのことを知っていて、そしてまた、誰も対応する者がいなかったということなのですね。**

小宮山　原発事故の周辺住民に対しましては原子力災害現地対策本部長が三月一六日に念のため、避難地域二〇キロ以内から避難していない住民を、残っている場合を想定してその日何時に安定ヨウ素剤を服用するよう指示したというように承知をしております。

村上　そうしたら全員になぜ、ヨウ素を飲ませなかったのですか。

小宮山　先ほど私は直接の担当大臣ではなかったと申し上げましたが、大塚大臣が副大臣とともに協議をしていた点もございますので、そのなかで、私が知っている範囲で申し上げますと、安定ヨウ素剤といいますのは、そう何回も飲むわけにはいかない。一回飲むとその有効時間が四時間だというふうに記憶しております。配るけれどもどのタイミングで飲ませるかというのが、大変難しいという話があったということは認識しております。

村上　それでは大臣の答弁になりません。大臣というからには、全省庁のいままでの責任を負うのが大臣です。なぜ四日以内かというと、このうちに飲まないと、あとから悪い放射線物質などを吐き出せないからなんです。だからこそそういうものが入る前に飲まなければならない。だから四日以内が原則だとだいたい言われている。あのときアメリカのある空母には、安定ヨウ素剤をいっぱい積んでいた。小宮山さん、細川大臣がこの間の答弁で、妊婦や子どもの管轄は、厚労省ではないと言い切った上に、この問題について、国民に対して謝罪する気持ちはありませんか。

枝野　原子力事故の際の、安定ヨウ素剤の服用については、厚生労働省の所管ではなくて、原子力災害対策本部の所管でございます。したがいまして、当然のことながら医学的、医療的な知見に基づいて行うものでありますが、今回も法医研をはじめとする専門家のみなさんの知見をいただきながら、安定ヨウ素剤の服用を含めた、住民のみなさんの被曝への影響を小さくするということで対応してきておりますので、厚生労働省が所管ではないというのはその通りでございます。そしてその上に、安定ヨウ素剤については、周辺住民の自治体には配布をされておりまして、それについて、服用の是非については最終的に権限を持っているのは現地対策本部で、あるいは東京の本部でもですね、いろいろ議論がございました。さきほど小宮山大臣がお話されましたように、安定ヨウ素剤は、飲んで約一日程度の間、外から入ってくるヨウ素が入ってこないということで、それが放射性物質を帯びている場合に、甲状腺に堆積をするのを防ぐ効果があるということでございまして、どのタイミングで飲めば意味があるのかということ、それからもう一つは安定ヨウ素剤にも副作用がありますので、被曝による健康被害の可能性のリスクと、副作用のリスク、それとああいった混乱状況でありますので、医師が一人一人に対して、こういう飲み方をするんですよというような環境ではなかったことを総合的に勘案した結果、一六日に現地対策本部からの各市町村への要請ということになりました。この間に被曝をして、ヨウ素剤を飲んでいなかったということで、より大きな不安を与えたという部分があるとすれば、とくにお子さんやお子さんをお持ちの親御さんには大変申し訳ないと思っておりますが、一方で、原発事故の直後の三月二四日から、三〇日にかけて、いわき市、川俣町及び飯舘村において、小児甲状腺被曝の調査を行ないまして、ゼロ歳から一五歳の一〇八〇人を対象に実施をしておりますが、安全委員会が示しているスクリーニングのレベル、すなわち、「詳しい検査をしなければならない」というレベルである毎時〇・二マイクロシーベルトを超えるものは認められなかったということでございます。この時点では必ずしも明確ではありませんでしたが、今回の事故による放射性物質の飛散の状況などを考えると、川俣町・飯舘村においてこういった状況であるということで、結果的にご不安を与えたことは大変申し訳なかったと思っていますが、甲状腺被曝による健康被害の影響はないというふうに思っております。

村上　これは医者でもないあなたの判断だと思うのですが、妊婦や子どもの健康は、原子力事故のときには厚労省の管轄じゃないなんて、誰も知らないですよ。それに対して、いろいろな経過があるようだが、安定ヨウ素材を配らなかった責任者は誰になるんですか。

枝野　原子力災害対策本部の本部長は当時、菅直人内閣総理大臣です。

●溶けた燃料＝酸化ウランの位置の把握がなぜできないのか

村上　はっきり申し上げます。これからもいろんな問題が起こってくると思いますが、私は国家賠償法の対象になり得ると思っております。**ポーランドは二五年前はソ連の許にあった共産国だった。そのポーランド政府ですら、この問題について、早く、ポーランド政府や大臣が判断してやった。それが日本の内閣ではできないということは、日本がいかに危機管理に対して甘いか、なってないか、ということです。**厚労省などがすぐに調査するのかと思っていたら、遅いんですよ。この問題については、私自身まだまだ次につなげていくし、またもう一回やりたいと思います。次に、この事故のいちばん大きな原因が究明されていない。収束の目処も立たないのは、何が問題かというと、溶けた酸化ウランがどこに残っているのかということであります。

原子炉というのは一重、二重、三重、五重の壁がございまして圧力容器、格納容器、建屋と全部で五つの防護壁になっているわけです。**いちばん大きな問題は、溶けた酸化ウランが格納容器に留まっているのか、それとも格納容器の外に出ているのか、それともとっくに建屋の底を突き抜けて、コンクリートすらも突き抜けているのか、誰も把握していないんですが、**班目委員長、なぜデブリ（溶けた燃料＝酸化ウラン）の位置の把握がいまだにできないんですか。

班目　ご承知のように現場に近づくことは非常に困難ですので、正確な把握は非常に難しいと思います。しかしながらデブリは、かなりの部分が圧力容器内に、やはりかなりの部分がその外の格納容器内にとどまっているだろうというふうに考えております。

村上　冷温停止の問題もそうですが、場所が確定できないのにただ水をかけているということは、例えば体のどこの部位が病んでいるのか、CT検査しないで放射線をあてるようなもので、ますますおかしくなる可能性があると思うのです。特に私が不思議に思うのは、学者によってはガンマー線をあてれば分かるのではないか、外に穴を掘って計測できるのではないかなどいろんな説がある。そういうことは一切今後ともデブリの位置の確定については、努力しないつもりですか。

班目　原子力安全委員会としてはできるだけ努力をすべきであると考えております。その方法は、計測もあるかもしれませんけれど、シミュレーションといいますか実際に起こった現象を計算機で再現して、なるべく詳細に調べるという方法もございます。いろいろな努力をすべきであるというふうに原子力安全委員会としては原子力災害対策本部に申し上げているところであります。

村上　なぜこれをしつこく聞いているかというと三月一二日から一五日までには、水素爆発で飛び散ったものは仕方ないんですが、**実は三月二〇日から二一日、二三日に大量の放射性物質が放出されたのではないかといわれています。**鹿野さんにお聞きします。三月二〇日に飛び散ったのは、稲わらに付着して、ウシが汚染されたとしているのですが、農水省はそれを把握していますか。

鹿野　農林水産省といたしましては三月の一九日に通達を出しているところでございます。

村上　三月一二日以降に飛散した放射性物質によって稲わらが汚染されたのではないかと聞いている。それは把握していませんか。

鹿野　これにつきましては具体的にどういうふうな形で汚染されたかというふうなところは私どもとしては科学的知見というものは持ち合わせておりませんが、少なくともここに書かれている（指摘されている）ような状況の中で汚染されたものというふうに思っております。

●三月二〇日以降にセシウムの大気濃度が増えている

村上　セシウム137の都道府県別沈着量についてです。奇異なことに先ほど申し上げたように、三月一二日から一五日までは当然でありますが、例えば**宮城県とか茨城県、埼玉県とか三月二〇日以降にセシウムの大気濃度が増えている。これに関してはなぜ水素爆発などがないのに大気濃度が増えているのでしょうか。**班目委員長。

班目　これについては専門家の間でもいろいろと議論があるところであります。大気中といいましても、むしろ成層圏に出たものが地球を一周して、戻ってきているようなものもございます。それから当然、その頃も原子炉からのセシウムの飛散というのは続いておりますから、それが風に乗って行ったという可能性もございます。今のところ明確な答えがないというところが実情でございます。

村上　この間野田さんが冷温停止を国連で非常にPRなさったんですが、しかし、先ほども言ったように冷温停止というのはまやかしであると、徐々に世論もそのことに気づいている。特に大きな問題は、溶け落ちた核燃料がどこにあるのか不明なままで収束作業を行うということです。しかも、溶けた核燃料が圧力容器から漏れ、原子炉格納容器にも溜まっているとみられ、崩壊熱を出し続けている。

そして、やっかいなのは汚染水です。いまの冷却系は漏れ続ける汚染水を浄化して再び炉心に戻す窮余の策ですが、つぎはぎだらけな上に全長四キロのパイプを始めシステムに不測の事態が起これば炉の温度が上がるおそれがあります。結論を言うと、冷温停止というのは、避難区域の環境の工程にまったく無関係であるし、安全性の不可逆的な確保を意味しているものではありません。ひと言でいうと「閉じて冷やす」ことになっていない。特に大きな問題は、建屋内における地下水であります。東電にお聞きします。一日に何トン建屋内に地下水が入っていますか。

東電・小森常務　最初の発言になりますので、このたびの事故に鑑みまして地元のみなさま国民のみなさまに多大なご迷惑をおかけしたことを心よりお詫び申し上げます。お答え申し上げます。地下水は雨量、あるいは地下水位の変動が伴います。日々ある程度変動しますが、月の単位でみますと、数百トン、四〇〇～五〇〇トンで建屋内に入ってきているというふうに推定しております。

●急がれる水素爆発に至るメカニズムの解明

村上　雨が降っても入ってくる。そして、サリー（東芝の放射能汚染水浄化装置）を使った循環システムで水で冷やすけれども、建屋にいっぱい水が入ったら量を減らさなければいけない。量をそのままにしたら地下の汚染水がどんどん上がってきて、足の踏み場もなくなるということです。このままでは本当に事故は収束しません。**私は最初から申し上げているように、津波の来襲前に地震によって安全系が致命的な損傷を受けていた可能性があるんじゃないかと思います。これについて、さきほど班目委員長がおっしゃっていましたが、5号機の調査は可能であるのですから、それを綿密に行なうことによって、1～3号機のインパクトを推定して、知見を得ることは可能なはずです。**発電地域内の水利地質学の調査が不十分であって、建屋内の地下水の進入が深刻化しているし、地下からの海洋への放射能流出、これらが把握できていない。前回も質問いたしましたが答えがなかった。どれだけ水を放り込んでどれだけ残っているのか。そのうちのどれだけが地下水や海水に流れているのか。これまで二回質問しても明確な答弁がなかった。

それから先ほども申し上げたようにアメリカが関心を寄せているのは、水素爆発に至ったメカニズムの解明です。外国の原子力学会の会議では、加圧された格納容器の上ブタが口を開き、そこから漏れ出たガスが、建屋の天井部分に集まったと説明しています。ところが日本はベントの逆流によるということで曖昧さが解消されていません。これですと、国内どころか、マーク1型の格納容器の沸騰水型原子炉を運転しているアメリカや台湾、スペイン、スイス、メキシコに対して、何らの改善のための示唆ができません。

この事故をきっかけに少しでも世界の原子力発電の安全に貢献しようとする意志が見えないことは本当に情けないと思います。私は解析や実験を行うことで、原因解明をより精度よく行ない、その結果を世界に共有することこそが、事故当事国の当然の責務だと考えています。今般の事故の実態や原因解析はまだまだ不十分であり、本来ならば原子力安全保安院や他のプラントに対し、安全性を宣言する根拠を揺るがすものでありますが、これらに近々取り組む計画さえ語られていない。それで国民の信頼や国際社会の信頼を得ることは不可能だと思います。残念ながら端的に申し上げますと、今の東京電力にはこれらの問題に取り組む余力がないように見受けられます。専門家にとってきわめて懸念されている再臨界の問題でさえ、誤ったメッセージを送っています。やはり至急、国の主導で、専門家を招集して、重要な未解決の問題に取り組むためのタスクフォースを立ち上げて、活動を開始すべきだと思いますが、野田さんどのようにお考えになりますか。

細野　冷温停止状態というのは慎重に確認したいと思います。これはそれこそ、世界に対してもしっかりと説明しなければなりませんし、冷却機能の安定化というのも多重性をしっかりと確保して、もう元には戻らない、つまりまたそれこそ大きな事象に至るということがないように、確認をしたいと思っております。その上で冷温停止状態というのを、ご説明するような形を取りたいと思っております。そして、第２ステップが終わりましてから、そのあとのロードマップというのは、非常にまた長時間、困難な作業を伴います。諸外国からのさまざまなアドバイス、支援というものを受けていかなければなりません。従いましてそういう段階では、東京電力に任せるということではなくて、国が関与できるような新たな枠組み、仕組みを作らなければならないと思っております。今政府内でその検討をしているところであります。

●日本に後始末はできない～世界にますます不信感を持たれる

村上　あのね、細野さん、そんな悠長な問題ではないんです。この間の新聞に、東電に損害賠償で公的資金を一兆円を出している。私が何を言いたいのかというと、**もう取り出せるものと取り出せないものを判別して、どのように最終決着をするのかを考えてやらないと、この無意味な冷却システムを、これも答えてくれませんが、私の聞いているところでは、アレバなど**

に五兆円払うという話もある。スリーマイル島は一四時間は冷却機能があり、水で冷やした意味がありますが、わが国は何年間もこんなムダなことをやって、短期間のうちに五兆円も取られる。日本の財政は破綻状況にある。結局これは電気代や税金に転化されるわけですよ。この問題についてもっと真剣に考えないと、細野さんのように悠長なことを言っていると、この国の東日本大震災は、いつまでたっても収まらないし、いつまでたっても解決できないし、世界にますます不信を持たれて、日本に後始末ができないんじゃないかと、言われている始末なんですよ。時間がないのでもうやめますが、委員長、総理答える？　じゃあお願いします。

野田　村上議員からご指摘がございましたけれども、事故の収束なくして、本当に日本の再生はないという基本的な考えはご指摘のとおりだと思います。それを踏まえて、冷温停止の解釈の問題はありますが、きちんと国の内外に説明ができるように、確実に収束に向かっているということを、情報の公開をしっかりとしながら、対応していきたいと思います。

東電・小森　ただいま総理のお話もございましたけれど、政府と一体となって、とにかく我々は当事者ですから、冷温停止状態を目指してがんばっている状態でございます。この先の長いところにつきましても、最大に努力していくことは変わりはありませんし、国内外の最大の支援、知見を得て、解決に向かって全力で邁進するということについては、いささかもゆるぎない状態であります。引き続きご指導をお願い申し上げます。

村上　冷温停止というのは、あくまで正常な原子炉が制御棒で温度を下げているのが冷温停止であって、このようにメルトスルーやダウンをしているボロボロになっている原子炉に、冷温停止の意味なんてないんです。それをはっきり申し上げて、質問を終わります。どうもありがとうございました。

委員長　委員長としてひと言申し上げます。村上さんからは、福島原発の現場の責任者を参考人として招致したいというお話でしたが、どうしても丸一日あけることができないということで、お断りをしたと、このことを申し添えておきます。

第八章　原発事故と危機管理

～政治は誰がやっても同じだと言うのはウソである

1 原発事故と危機管理

今回ほど危機管理の甘さが露呈したことはない。

世界最大の原発事故になるという認識、その危機感を持つことなく、目先の利益や思惑ばかりで右往左往し、事故がまさに進行している現場を軽視し、置き去りにした。置き去りにしたのならまだいい。緊迫した現場に視察という名目で邪魔さえしたのである。その間、どれだけ時間をロスし、ベントなどの重要な作業に支障をきたしたか。これは、致命的なミスといっていい。このことは、改めて検証しなければならないだろう。

そして、何ら手当を講じられずに結果的に放りっぱなしにされた原子炉は、時間の経過とともに、〝科学的、化学的に極めて正しい反応とステップを経て〟、最悪の事態へと突入したのである。

●最高責任者は、最高司令官に現場をすべて任せる

危機管理の要諦は、ただ一つである。「命令系統は一本化せよ」である。そして、そのシス

テムを強力にバックアップするために、「上に立つ者は現場に任せ、責任を取る」、「最高責任者は、座して動ぜず」なのである。

民主主義の政策決定には時間がかかる。これが民主主義の利点でもあり、弱点でもある。だが、平時ならいくら議論を重ねてもいい。だが緊急事態事にこのような悠長なことは言っていられない。危機管理とは、民主主義における、ある種の委託した一時的な権力の集中体制といっていい。最高責任者は、最高司令官に現場をすべて任せ、自身は最終的な責任をしっかりと取る。余分な口出しはしない。総理というのは将軍の上の大元帥である。だが今回の総理の振る舞いは、目立つこと、中途半端な専門知識をひけらかし、格好のいいことだけを性懲りもなく繰り返す、スタンドプレー好きの部隊長以下のものであった。悲しい限りである。

●危機意識の薄い東電――「廃炉？　何をいまさら」

外国人献金問題で追求を受けていたまさにそのときに地震が起きた。政権は支持率低下回復の絶好のチャンスとみてパフォーマンスに走り、原子力委員会、原子力安全・保安院は、あとから責任を問われないよう、あやふやでぼかした情報しか公開しなかった。

東電は、原子炉の延命に最後までこだわる。何しろ一基数千億円以上もする原子炉を六基。

廃炉にするとどれだけの損害になるか。会社のトップであっても、即座に決断を下すことは難しいだろう。株主もいる。そして、怯み、お伺いを立てているうちに、事態は急ピッチで悪いほうへとなだれ込んでいくのである。

政府も同様である。日本の原発に対する安全性をアピールし、海外に売り込もうとしていた矢先である。その信用に傷がつく。

事故から三週間も経とうとしていた三月三〇日、東京電力の勝俣恒久会長が会見した。福島第一原発1～4号機について、こう述べた

「廃炉せざるを得ない」

あたかも苦渋の決断を下したかのように語ったのである。

「廃炉？　何をいまさら」「そんなことにまだこだわっていたのか！」——この会見を聞いて、多くの方が耳を疑ったのではないだろうか。事故当日からメルトダウンが起こり、メルトスルーし、原子炉に真水を投入した。だが、それが底をついて海水を注入している。すでに、この時点で「廃炉」であることは、素人でも分かることなのだ。「廃炉にせざるを得ない」という発言は、時間の経過からみても場違いなものであり、**危機そのものの認識が狂っている。己の会社の危機にしか目を向けていないのだ。これは日本と世界の危機なのだ。その認識がまるでない。東電という組織が社会的な責任において危機意識もなく、危機管理のイロハも持ち合わせていな**

い。後手後手に回りそのつど失敗を繰り返した初動の遅れを、実に象徴的に表した会見であった。そして、広島の原子爆弾の八〇倍という放射能を撒き散らしたのである。一三日の東電・清水正孝社長以来一七日ぶりの会見がこれなのだ。被災地の心にまったく届かない言葉と姿勢、態度である。

清水社長はこの前日に高血圧とめまいを理由に入院し、一時的に表舞台から消えたのである。

●なぜ、安全保障会議が開かれなかったのか

このような大事故は、火山の噴火と同じである。一私企業に任せておくべき問題ではないし、そもそも解決を委ねるのは無理である。だが、政府は事故の責任を東電に丸投げしたのだ。

東電は、生活に不可欠な電力というライフラインを独占している。これをどう考えるかは別の問題である。地震があった、津波がきた、何か様子がおかしい、尋常ではない。確証がない中で、危機モードに入っていく。東電にとっては、社屋も原子力施設も株主のものだ。もし、早い時期に「廃炉」を決断して、あとで「廃炉にするほどではなかった」「乱暴なことをやってしまった」と非難を浴びたらどうなるだろうか。躊躇するのは当然だろう。

このとき、**「迷うな！　国家の危機なのだ」と強く決断するのが、本当の政治主導なのである。**

このような決断は、国家以外に誰もできない。そして、このことはできたはずなのである。**国は東電に責任を押しつけるのではなく、東電から、責任を〝奪う〟くらいでなければならないのだ。**

私はなぜ、速やかに安全保障会議が開かれなかったのか、いまでもまったく理解できない。

安全保障会議は、内閣総理大臣と一部の国務大臣によって構成される。幹事を中心として、調査分析を進言するための会議内組織である「事態対処専門委員会」が設置される。議長となる首相は、関係の閣僚はもちろん、各省の幹部も加えることができ、政府の各部門が情報を共有する場となるのだ。一方、統合幕僚長などの自衛隊関係者を会議に出席させ意見を述べさせることができる。この場合、自衛隊関係者は、あくまで陪席であり、採決など会議の意志決定には参加できない。シビリアンコントロール（文民統制）が効いているのだ。緊急事態では自衛隊の存在は欠かせない。意思決定には参加できなくとも、どのような体制が採れるのか瞬時に判断が可能になるはずだ。いずれにしても、国家の意思決定は素早く行なわれ、しかもその発信元が国民にも明確となるのである。

災害対策基本法で定められている「災害緊急事態」の布告も見送られた。生活必需物資の配給や価格の決定ができたはずだ。ガソリン不足を巡る混乱も起きなかったのではないだろうか。

●「重大緊急事態」の認識がない

「わが国の危機管理体制について」という緊急事態時のマニュアルがある。「すべての緊急事態」に対し政府としてとるべき初動体制が示されている。初動体制は、時間を追うごとに五段階に分かれている。

四番目の項目に注目してほしい。今回の東日本大震災は、もちろん「武力攻撃事態」ではない。だが、単なる自然災害ではない。原子炉が四基（4号機は使用済み燃料プールの危機）も暴走しようとしていたのである。**防災の概念をはるかに超えた、「重大緊急事態」に当たるのは当然**なの

緊急事態時のマニュアル

1．緊急事態に関する情報集約
〈関係各省庁は緊急事態やその可能性を認知したらただちに内閣情報調査室へ報告する〉

2．緊急参集チームの参集および官邸対策室の設置
〈内閣危機管理監は官邸危機管理センターに緊急参集チームを緊急参集させ、官邸対策室を設置する〉

3．関係閣僚の協議
〈政府としての基本対処方針、対処体制などを首相や官房長官が関係閣僚と緊急協議する〉

4．対策本部の設置
安全保障会議の開催
〈武力攻撃事態や重大緊急事態の場合に、国防の基本方針や対処方針について審議する〉

5．対策本部の設置
〈政府全体として総合的対処が必要な場合、法令や閣議決定等に基づき、緊急事態に応じた対策本部を迅速に設置する〉

ではないだろうか。

安全保障会議を開催するかしないかの判断は、最終的には首相である。だが、菅首相は安全保障会議を開かなかった。あろうことか、五番目の対策本部だけは、被害者生活支援特別対策本部、原発事故経済被害対策本部、福島原子力発電所事故対策統合本部……。二〇ものわけの分からない組織を乱立させる。

これらの組織の乱発は、既存の原子力安全委員会、原子力安全・保安院への総理の不信感の表れだと言う人もいるが、同窓の東京工業大学の専門家たちを集め、助言を得ることに意識を集中させることが、政治主導なのだろうか。政治家個人のお好みのスタッフ、ブレーンを集めただけに過ぎない。そこで出された、アイデアを誰が実行するのだろうか。

このことにより、それぞれの本部や会議が牽制し合い、緊急に対処すべきものさえスピード感が失われる。指揮系統は乱れ、責任の所在も不明確になったのである。初期段階での一時間の判断の遅れ、一日の判断の遅れは、復興の致命傷になるのである。

新潟県中越地震（〇四年一〇月）で、大きな被害を受けた元山古志村村長、長島忠美衆院議員はこう述べた。

「判断が一時間遅れれば復興は一〇〜二〇日遅れる。一日遅れれば一か月は遅くなります。仮設住宅の完成も遅い。経験上、生活インフラが整っていない」そして、総理は「ふるさとを守る意識がない」。

●危機管理の常道――命令系統は一本化せよ

首相が設置した、約二〇もの新組織だが、何を決め、どのようなものを打ち出し、それが現実の指示や指令にどのように結実したのか、ご存知の方はいらっしゃるだろうか。多くの組織は法令上の根拠がないものばかりで、六月の六日になって、緊急災害対策本部と原子力災害対策本部の二つの柱のもとに吸収させた。だが、この緊急災害対策本部と原子力災害対策本部の顔も見えないままなのである。

冒頭に記した「命令系統は一本化せよ」は、まったく実現しないままだったのである。

危機管理の概念は、危機が生ずるレベルや危機の内容に応じて多岐にわたるが、不測の緊急事態を事前に予防したり、危機発生後の対応措置を可及的速やかに講ずるためのものであることは共通している。

今回の東日本大震災と同時発生した福島第一原発事故の一連の対応に関し、私自身の危機管理を提案させていただく。

1．司令部は現地と中央に一つずつ配置する
2．具体的なオペレーションの指揮は、現地のトップに任せる
3．指揮系統は極力シンプルにする
4．指示は明確に。できれば、簡単明瞭な短い文書で伝える
5．大きな方針は政治家が指示し、その責任も負う
6．規則は柔軟に運用してもいいことを明確に指示し、現場を免責する
7．現地の視察・激励は、現地の負担と効果を考えて慎重に行う
8．二次的な被害・災害を回避するため、十分な措置を取る
9．危機意識を持って、日頃から訓練をしておく
10．想定外のことが起こることを、つねに想定しておく

どれも当たり前のことだが、これができるかできないかで、大きく違ってくる。とくに1～6については、「命令系統は一本化」にとって欠かせないものである。そして、「上に立つ者は現場に任せ、責任を取る」、「最高責任者は、座して動ぜず」なのである。

●委任と集中により、責任体制を明確化すること

次に、司令部を中心とした危機管理に際しての留意点をいくつか挙げておく。

1. 情報を素早く集約すること――悪い情報ほど早くあげる
2. 基本方針を確立し、優先事項を絞り込むこと――何を捨てるか決める
3. 委任と集中により、責任体制を明確化すること――政治主導で判断する部分、専門家に任せる部分の明確化。指示・判断系統の一元化
4. 積極的な情報開示、平易で十分な説明を行うこと――データの背景や解釈、海外や情報化措置への配慮など
5. 時代に応じた流通・連絡体制を構築すること――コンビニ、ホテル・旅館、駅など。また携帯、ツイッターなど新しい情報ツールなどの活用

今回の場合、例えば廃炉というのを早く決断していれば、ずいぶんと違ったのではないだろうか。1～2の段階で判断が下されれば、以後の展開は変わったはずだ。3の委任と集中だが、**一時これでもかとばかり参与を任命したが、誰が政治判断して、どのように専門家に任せるのか、不明確であった。そもそも参与とは何なのか、どのような力があるのかさえ国民は知らな**

● SPEEDI（スピーディ＝緊急時迅速放射能影響予測ネットワークシステム）をめぐる経過

SPEEDI は、原子力災害時に放射性物質がどのように拡散するかをスーパーコンピュータを使って予測するシステム。スリーマイル島の事故をきっかけに開発に着手。バージョンを繰り返すたびに技術革新による精度が増し、2005 年から運用されている。このシステムを管理するのは文部科学省。しかし、3 月 16 日の記者会見で、笹本文部科学副大臣は「データの公開は安全委員会が決める」と発言した。

山や谷など起伏のある地形、風向きなどにより、飛散範囲を予測する。予測結果は地図上で表示され、一目で拡散の方向、放射性物質の濃度などを、シミュレートする。住民の避難などには欠かせないものである。

SPEEDI は、事故直後から稼動し、数千回の予測を出している。ところが、発表されることはなく、4 月 26 日になってやっと、細野補佐官(当時)は公開を約束する。翌 26 日、原子力安全委員会、文部科学省、原子力安全保安院が公開。3 月 12 日福島県浪江町で数千人に上る住民が町長の指示に従って北へ向かって避難した。「SPEEDI」は放射性物質が浪江町の北へ向かって拡散すると予測していた。なぜ彼らは北に向かったのか。情報がなかったからである。2011 年 8 月 9 日付のニューヨーク・タイムズは「官僚の隠ぺい体質」と断じている。公開しなかった理由は、「不十分なデータを公表すると誤解を招く」というものだった。核種、その量などのデータが不十分だというのだ。核種や量などの正確なデータなど必要ない。放射能がどのように流れるのかの予測だけでとりあえずは十分なのである。同紙上で浪江町町長の馬場有は「情報隠ぺいは殺人罪に等しい」とコメントした。

5 月 2 日、細野補佐官は、統合会見で未公開の SPEEDI の計算図形が 5000 枚あることを発表。「パニックになることを懸念したと聞いている」と発言した。

●アメリカの動き

3月12日　0:15	菅首相、オバマ大統領と電話会談
3月13日	在日米大使館は、東日本大震災に伴う東京電力福島原発の緊急事態を受け、米原子力行政を統括するエネルギー省や原子力規制委員会（NRC）の専門家らが同日深夜に来日、支援すると発表した。このうち、NRCの要員2人は福島の原発で採用されている沸騰水型原子炉の専門家。NRCは、24時間態勢で事態を注視しており「可能な限り支援する用意がある」（ヤッコ委員長）としている。（共同）
3月14日	米軍による同盟国緊急支援活動。自衛隊との共同活動も進む。宮城・三陸沖に米原子力空母「ロナルド・レーガン」など艦艇8隻を集結。沖縄・米海兵隊も被災地に到着予定。「TOMODACHI」作戦と命名。
3月17日	米NRC幹部が北沢防衛相を訪れ「4号機の使用済み核燃料プールが空になっている。早く注水したほうがいい」。無人偵察機グローバルホークで撮影した映像をもとに指摘
3月18日	ルース駐日大使「我々には深刻な情報がシェアされていない」と首相に近い議員に訴える
3月20日　深夜	首相はルース駐日大使を官邸に招き、「国際社会には引き続き情報を隠すことなく共有したい」と伝え、20日には側近議員に「日米協議の枠組みを作ってほしい」と指示
3月22日	正式な日米協議が発足
3月23日	同月12日から作成した米エネルギー省の航空機モニタリング汚染地図を日本の外務省に提供。同省は、文科省、保安院に転送したが、両省はデータを公表せず、官邸、原子力安全委員会にも伝えなかった。
12年2月21日	米原子力規制委員会　震災直後の詳細な議事録を公開

3月22日正式な日米協議が発足。当初は原子力規制委員会（NRC）の専門家が来日時に「データを」と頼んでも、東電社員数人が対応する程度だったという。その後、NRCと経済産業省原子力安全・保安院、東電の会合の場が設けられたが、東電は「ここは情報交換の場だ」とデータを開示せず米側が激怒。対応のまずさに気づいた日本政府が動き、3月22日にやっと正式な日米協議が発足した。この協議では、米側はロボットの提供をはじめ「遮蔽（しゃへい）」や「リモートコントロール」などさまざまな対策で助言するなど、全面支援の態勢が整っていた。

いままなのである。結局、委任と集中をはきちがえ、何らかのそれらしい名称のついた組織を立ち上げれば、あるいはそれらしい参与をつければ、とりあえずは対処したつもりになっただけなのである。それによって、責任の所在はまるで水にまぶされたように不明瞭になり、指示・判断系統の一元化どころか、指示・判断系統＝命令系統は混乱をきたすのである。

情報の積極的な開示はなされなかった、というよりはむしろ隠蔽体質を明らかにしたに過ぎない。また、シーベルト、ミリシーベルト、マイクロシーベルト、ベクレル、テラベクレルなど、これまでになじみの薄い基準値が使われた。これらはいったいどういうものなのかの平易な説明は明らかに不足していた。また、データの背景や解釈、海外や情報化措置への配慮などの不明瞭さが際立った。放射能の風向きによる影響、定点観測の信頼度など、またその分析など、釈然としないものが多すぎたのである。**放射性物質の拡散予測システム「ＳＰＥＥＤＩ（＝スピーディ）」については、菅首相ら官邸トップがその存在すら知らなかったと弁解している。このような大事な情報がトップに上げられないことなど考えられるだろうか。あまりにシビアな数値、データであったために見て見ぬ振りをしたというのが真相なのかも知れない。**

また、被災地はもちろん、その周辺の停電も長引いた。テレビを見られなかった場所も多い。情報過疎地にどう対応し、情報を行き渡らせるか。海外への伝え方。そういう配慮も必要だったはずである。

時代は変わっているのである。コンビニ、携帯、ツイッターなど、現代的なネットワークを、いかに使うかも工夫が必要になる。最近の人は携帯をつねに持っているので、ある意味情報機器持参で避難しているとも言える。連絡体系もこれまでのように防災無線が使えなくなったり、テレビが見られなくなっても、携帯さえ動けば情報伝達も可能になるかも知れない。このような現代的なネットワークを考える必要もあるのではないだろうか。

●危機管理におけるスピード感のなさ――なぜ優秀な官僚をもっと使わないのか

最近、痛切に感じていることがある。優秀な官僚に限って、やる気をなくしているのである。彼らは菅民主党政権になったとき、「政」と「官」の区別をあまりにも理不尽に言われ過ぎたために、萎縮し、本来の能力を十分に発揮できないでいる。私が大臣のとき、官僚はとても熱心にさまざまなことを具申してくれた。それをやるかやらないかは政治家の判断だ。そして、私にとって有益な情報を数多くもたらしてくれたのである。とても感謝している。彼らがいなければ、私の仕事はとても薄っぺらなものになっていただろう。

民主党政権は、政治主導の名のもとに、事務次官会議を廃止し、政務三役会議を導入した。政務三役とは、大臣、副大臣、政務官。彼らは官僚を使いこなそうとしたのだが、そこに超えがたい不信感が存在した。

官僚は、ことの本質に関わる重要な提言をしようと思っても、全部政務三役に話を通さなければならない。しかし政務三役にも、「政」と「官」の区別の意識が過剰なまでに働くのだ。そして、官僚の経験と実績に裏打ちされた有益な提案に耳を貸そうとしなくなるのである。政治家は政治を行う人間である。だが政治は一人ではできない。このことを理解できていないのだ。というより、メンツにこだわり、貴重な情報を無視するのである。官僚を使わず政治家だけでやるのが政治主導と勘違いしているのだ。脱官僚の行き過ぎであり、政治主導のはき違いである。そもそも彼らは政治家ではない。人気投票で選ばれた生徒会の委員なのだ。

官僚は国民の財産である。国民が認める国家最高のシンクタンクである。これを利用しない、あるいは利用できないのは、そもそも政治家として失格である。一政治家がこれまでに獲得してきた知見など、たかが知れている。予算編成のあたりから、やや様相は変わってきた。副大臣以下が電卓を叩いているようでは、国家は前進しないことが分かったのだろう。当たり前の話なのである。

政権交代から一年が過ぎた一〇年九月、新政務官を集めた会議で菅首相は、「（政権交代から）一年間の若干の反省も含めて言えば、政務三役だけで物事をやろうとし過ぎた。省庁には膨大な仕事がある。三役だけですべてやろうと思ってもオーバーフローする」と述べ、大臣、副大臣、

政務官の政務三役が官僚を使いこなすよう指示したのである。（二〇一〇年九月二一日　読売新聞）

だが、このような政官のギクシャクした関係は、今回の災害でも重い影を引きずっている。というようりはむしろ、復旧・復興へのスピード感のなさは、官僚の能力が十分に発揮されていないことも大きな原因の一つだと私は考えている。緊急を要するものも大臣にひと言通しておかなければならない。だが、許可が得られるのも早くて翌日なのだ。行動にしばりがあるのだ。このような、いわば仲間はずれ、もっと言えば敵対関係は、緊急時にその弊害がもろに出る。後手後手に回ってしまう原因の多くはこれだと私は見ている。しかも、トラウマがある。言えば「口出しするな」「黙れ」と叩かれる。そうすれば、「では、お手並み拝見」と、引き下がるしかないのである。

そして、例えば原発の事故後に、**本来の能力を発揮できない優秀な官僚は、政府や東電、保安院のしでかした失敗の「言い訳」ばかりを任されるの**である。官僚の持っている、本来の機能が発揮できないのは当然と言えば当然。モチベーションの持ちようがないのである。

これほどもったいないことはない。私自身の経験も含め、官僚の能力を発揮してもらうためのポイントを、いくつか提案させていただく。危機管理体制を速やかに実行するには、どれも不可欠のものである。官僚ばかりではなく、現地や現場で働くスタッフへの対応にも共通するものだ。

●大混乱を招く「オーダー・カウンターオーダー・ディスオーダー」（命令・取り消し・混乱）

ポイントは以下の四つである。

1．トップのあり方

知識より意識が大切。嫌な情報を聞く耳を持ち、部下に安心を与えること。任せて責任を取ること

2．「司」の活用

アンテナであり手足である「司」（省庁や官僚、役人）を伸び伸びと活動させること

3．職員の士気を高める

緊迫しているがゆえに、褒めて使うこと

4．危機管理広報

責任者を決めてつねに同じ者が会見すること。言い訳調にならないこと。記事にしやすいようにポイントを整理すること。記者の入稿の時間に配慮すること

怒鳴り込んだり、生半可な専門知識でやり込めようとしたり、裏付けがないのに口先だけで国民にウケを狙ったり、国家の行く末を大きく左右する脱原発表明を個人的な発言と撤回した

りでは、事態をミスリードするばかりで、危機を乗り越えることはできない。危機管理でいちばんやってはいけないことがある。それは、「オーダー・カウンターオーダー・ディスオーダー」（命令・取り消し・混乱）である。トップへの不信は募り、士気は極度に低下し、組織は大混乱をきたし、機能を失うのである。

●現場のトップはどうあるべきか

危機管理でもう一つ重要なことがある。それは起こることをつねに想定し、日頃からイメージしておくこと。実を言うと、現実に危機に直面すると、マニュアルを開く時間などない。ボールはすでに投げられている。そのときどう振舞うか。これがいわゆる初動なのである。マニュアルを使うのは、危機の第一波が、やや落ち着きを見せてからなのである。

危機に直面した多くの人が、「マニュアルなど、何の役にも立たなかった」というのはこのことなのだ。いずれこのようなことが起こるだろうと、つねに頭で思い描き、必要がある場合にマニュアルでチェックしておく。そのとき自分がどのような行動をとるべきなのかをシミュレートしておかなければならないのである。

現実の危機に直面した際、まさに危機管理の実際的なモードに入った場合、現場のトップがカリカリしていたら、周囲はあたふたしてしまうだろう。部下もスタッフも不安が増幅されるのである。こうなると、組織としての能力は大幅にダウンする。最後の責任は自分がとることを明確に示し、任せるところは任せる。このことによって、部下やスタッフは、それぞれの任務に集中できる。そして、部下やスタッフは自分が果たすべき役割を明確に自覚し、任務に集中することで、不安と恐怖からも距離を置くことができるのだ。積極果敢に立ち向かう逞しい姿勢も芽生えるのである。

●比較的早かった自衛隊派遣

一九九五年に阪神・淡路大震災が起こった。当時は村山内閣で、自衛隊の派遣が遅れた。兵庫県からの災害派遣要請がなかったためだが、このような反省から一か月後、「事務次官通達」が出され、震度5弱の地震発生で、自治体の首長による派遣要請がない場合でも自主派遣ができるようになった。

今回の自衛隊の出動は比較的スムーズに行われた。村山首相は、イデオロギーの関係もあったのだろうか、米国の支援を拒否した。だが今回は同盟国米軍の応援をすんなり受け入れたのである。

アメリカの動きは素早かった。地震発生数分後に、米海兵隊第三海兵遠征軍（司令部・沖縄）は、日本政府の支援要請を想定し、対策を練り始めた。翌日には被災地へ向け、二万人規模の部隊と装備の移動を始めている。

三月一三日深夜、米軍による同盟国緊急支援活動が開始される。宮城・三陸沖に米原子力空母『ロナルド・レーガン』など艦艇八隻が集結。沖縄からの米海兵隊がまず被災地に向かう。「トモダチ作戦」の開始である。自衛隊との共同活動も進んだ。

●「兵站《たん》の逐次投入」ほど危ないものはない

だが菅首相は、素人の極めて初歩的で危険なミスを犯している。自衛隊へのオーダーの仕方である。最初、自衛隊員を二万人と要求した。すぐに、五万人に変更し、そしてさらに一〇万人を要求するのである。たった二日間でこれである。

働きもしないで金銭的に切羽詰り、二万円を借りようと思う。ところが、案外に感触がいいから、五万円。それにも応じてくれた。じゃあこの際、一〇万円。ハナから返済するつもりのないたかり屋の常套手段である。自衛隊の二万人、五万人、一〇万人に、リアルな根拠は何もない。現場感覚などありもしない。彼らが目指す政治主導は、これほど大雑把なものなのだ。

隊員の食事や燃料、宿泊先など、おそらく考えていないだろう。兵站だけが長く伸びるのである。**「兵站の逐次投入」ほど危ないものはない。プロのリーダーは、絶対にこのようなことはしない。また、現在の自衛隊は二三万人。そのうちの約半数である。国防はどうなるのか。**

案の定、震災直後、中国軍用機とロシア空軍機は、領空ぎりぎりまでの接近を繰り返し、航空自衛隊のスクランブルの回数は通常の一・五〜二倍に増えているのだ。三月二六日、中国の国家海洋局に所属する海洋調査船の搭載ヘリが、南西諸島の東シナ海の公海上（日中中間線付近）で海上自衛隊の護衛艦に異常接近し、周りを一周している。

これらの領空、領海侵犯ぎりぎりの行動は、震災により疲弊している自衛隊の能力を試すことはもちろん、日米合同の作戦がどのように展開しているかのモニターも兼ねている。さすがにこの時期、際立ったことを起こせば国際世論が黙っていないし、世界全体の問題になる。だが、このブレーキがなければ何をやったかは、分かるものではない。

さらにもう一つ、日本が最大のピンチに見舞われているとき、日頃から頻繁に日本の領海を侵犯し、韓国・延坪島への砲撃を実行した北朝鮮は何を考えていたのだろうか。おそらくろくなことは考えていないのである。

中国、ロシア両国は、被災した日本に「自分たちのことのように考えている」（一四日、温家宝首相）「われわれのパートナーが必要とする援助を行う用意がある」（一九日、プーチン首相）

とのメッセージを出し、最大限の支援を申し出た。だが、これらの二面性は外交、防衛に関する常識である。表の顔と裏の顔である。戦力が半減した相手を即座に叩き、息の根を止めるのは、戦の常道なのである。

自衛隊一〇万人のオーダーだが、一方でもし、日本国内の他の地域で、大規模な災害が発生した場合には、どう対処するつもりだったのだろうか。菅首相はおそらく、このことをも分かっていない。

「内閣総理大臣は、内閣を代表して自衛隊の最高の指揮監督権を有する」。自衛隊法七条に定められた日本の安全保障の大前提である。菅首相は、総理就任後すぐに、初めて自衛隊の統合・陸海空の四幕僚と会談した。その際、「改めて法律を調べてみたら……」と、このような条文があることを、これまでまったく知らずに、かつその意味を理解していなかったことを奇しくも露呈してしまった。安全保障に関する危機感など、まるでなかったのである。

●胸にしみた陛下のお言葉

「憲法違反だ」「人殺しの集団だ」、あろうことか国の中枢にいる者までが「暴力装置」と発言する。たとえ学術的な用語であれ、使っていい場合とそうではない場合がある。配慮に欠けるのもはなはだしい。**隊員にとってこのような言葉はどのように響くのだろうか。**自衛隊はいつも継子扱いなのである。

自衛隊の本来の任務は、国防である。だが、警察、消防など、災害の規模が手に余る場合に自衛隊にお願いする。だが、自衛隊は「国民の公共財」でありながら、なかなか国民の理解が得られていないのだ。多くの国民は独立国家に軍隊が必要なことを認識している。だが、「憲法違反だ」「人殺しの集団だ」「暴力装置」と言われるのはなぜなのだろうか。自衛隊が国民の中にきちんと位置づけされていないのだ。

結局は何でもやらされることになる。ガレキの処理から雑用まで。そして、犠牲者の埋葬。火葬ができないために、土を掘り、棺に納め埋葬する。みんなが嫌がる仕事を彼らは黙々とこなしているのだ。精神的なケアが必要になるくらいのタフな仕事を彼らは担っているのだ。自衛隊はこのようなときに働くことは決して嫌ではない。むしろ国家的危機、国民の生命と財産を守ることに誇りさえ感じている。だが、彼らの本来の仕事は国防なのだ。国防には命を差し出す覚悟がある。だからこそ余計に、災害復興などの仕事に関しては、きちんとした装備、人員、訓練などを用意しておくべきなのだ。

「暴力装置」に代表されるように、いまの政治的リーダーシップの中では、自衛隊を日陰者と

しての位置に置いている。だが、突然困った事態になると、丸投げし、「何でもやってください」という。そして、付け焼刃で自衛隊は人数がいるから一〇万人出せというのは理不尽なのではないだろうか。隊員たちのメンタリティがいびつなものにならない保障はどこにもない。シビリアン・コントロールのシビリアンとは、「おれたちに何でもやれということなのか」と彼らが感じても不思議ではない。もちろん、自衛隊だけではなく、警察、消防などの努力もあるのだが、被災地はもちろん、われわれ日本人は、この自衛隊にいかに助けられたことだろう。

陛下はこうおっしゃられた。

「自衛隊、警察、消防、海上保安庁を始めとする国や地方自治体の人々、諸外国から救援のために来日した人々、国内のさまざまな救援組織に属する人々」が「日夜救援活動を進めている努力に感謝し、その労を深くねぎらいたく思います」。

陛下がいちばん最初にお挙げになった自衛隊という名前。命を張り、黙々と任務をこなした隊員の胸に、どのように響いたのだろうか。

●トップの思い上がりと勘違い――「速やかにやらなければ処分する」

当たり前のことだが、危機管理というのは平時ではないときに、何をやるのかということだ。非常時の危機をどうするかというのが問題である。だから平時のときにかなり煮詰めておかなければならない。そうでないと、何もかもが場当たり的になってしまうのである。今回も消防については、ハイパーレスキュー隊ががんばったという話があるが、基本的には消防は、火事のときの火を消すのが仕事で、原子炉災害の場合に、原子炉に水をかけることは想定に入れていない。

東京消防庁にハイパーレスキュー隊と消防車の支援要請をしたのも、出動（一八日）の前日だった。いきなり首相から、「ハイパー消防車をお貸しいただけませんか」と電話があったようだ。石原慎太郎都知事は、「いまごろ言ってくるか」と呆れながらも、東京消防庁に緊急出動を要請した。だが、放水作業準備中のレスキュー隊に対して、政府側の人間が、「速やかにやらなければ処分する」と、恫喝まがいのことを言ったことが問題になった。石原知事が菅直人首相に抗議し、首相は謝罪した。政府側の指示とは、海江田経済産業相の物言いのことである。海江田氏の指示で、役人が消防隊に「処分する」と言った事実が明白になり、海江田氏も謝罪会見をした。東京消防庁は、自治体の消防である。海江田氏に指揮権も人事権もない。命令系統の認識さえきちんとされていないから、このような思い上がった発言になるのだ。高い放射線量の中で命がけで作業をしている隊員に対して、かける言葉ではないだろう。しかも消防署員はガレキの処理まで行っているのである。

先ほど私は、危機の中で、トップは部下や現場のスタッフをどのように使ったらいいかのポイントを書いた。3．職員の士気を高める～緊迫しているがゆえに、褒めて使うこと。危機管理の基本の「き」が、できていないのである。

2　日本とアメリカ、原子力対策の危機管理の違い

日本は、経済産業省に属する原子力安全・保安院（ＮＩＳＡ）が規制機関であるが、内閣府の原子力安全委員会（ＮＳＣ）とのダブルチェック体制を採っている。しかし、同じ経済産業省の中に、原子力を推進する機能と、それをチェックする保安院とが同居している不自然さが指摘されていた。これは過去に見直しの機運があった。だが、そのときに保安院が東電の側に立ってしまい、強引にチェックをしなくてもいいという結論を出した。そのため、今回の災害の被害を大きくしたのではないだろうか。チェック＆バランス、推進する側とチェックをする側が同じフィールドにあることが問題なのである。

今回の原発事故に関して、原子力コンサルタントの佐藤暁氏からは、数多くの有益なお話を伺ったが、同じ規制機関であっても、日本の保安院とアメリカの原子力規制委員会（ＮＲＣ）は、中身はまるで違うことも教えてもらった。それを私なりにまとめて報告したい。原子力の安全、危機管理の違いが際立っている。

アメリカの場合は、原子力に関するものはすべてがＮＲＣが指揮をとる。アメリカ合衆国原子力規制委員会（Nuclear Regulatory Commission、略称：ＮＲＣ）はアメリカ合衆国の政府機関の一つであり、合衆国内における原子力安全に関する監督業務（原子力規制）を担当する。

ＮＲＣは日本の保安院よりももっと強力な組織になっている。上は五人のコミッショナー、それは大統領が指名する。そこに付属の機関があるのだが、その下にいわゆるスタッフがいる。いろんな原子力の専門家が約四〇〇〇人。日本円にして一千億円くらいの予算がある。本部はメリーランド州。そこにホワイトプリントという十数階建ての大きなビルがある。六階にエマージェンシー・レスポンス・センターがある。そこは**一週間七日、一日二四時間常に専門の危機管理のプロが常駐している。万が一に備え、必要な人数がすでに待機しているのである。何かあったときに人を集めるのではなく、すぐに動けるようスタッフがつねにいるのだ。**

そこにはいろんな設備が用意されている。全米一〇四基のすべての原子炉に対し、それぞれの発電所を中心にした、周辺の環境や風向き、風速、半径何マイル以内には学校、デイケアセンターなどの位置がどういうふうに分布しているか、家畜が何頭いて、どこでどのように飼われているかなども把握しているのだ。このような情報が数秒以内でディスプレイされる装置もある。各発電所に対しては、主要な安定系の電源系統、炉心の細かな情報まで、すべて一瞬にしてディスプレイされるのである。

何か事故があると、そこのスタッフは、どこがどういうふうに故障することによって、どのような事象が発生したのかが瞬時に分かるのである。

そして専門家は何かあったら招集されるのではなく、すでに、いつでも対応できる、動けるように準備ができているのだ。また、**大きな権限もここに集約されている。例えばテロリストがハイジャックしたジャンボジェット機で原子炉を攻撃するということがあれば、ＮＲＣがＤＯＤ（Department of Defense ＝アメリカ国防総省、ペンタゴン）にすぐに連絡を取り、撃ち落としてもらうということさえ可能である。**このような構造、システムが確立しているのだ。

今回、日本と同じような事象が発生していたとすれば、やはりこのような機能が発揮されていたのではないだろうか。危機管理のレベルがまるで違うのである。

●信じられない怠慢～災害対策本部の会議の議事録がない!?

のちに判明することだが、政府の原子力災害対策本部が事故当初からその年の末まで、計二三回の会議の議事録をとっていなかったことが判明した（一二年一月）。まったく信じられないことである。危機に直面し、どのような情報を基に、どのような話し合いがなされ、いかに判断し、対策が講じられたのか。この過程の克明な記録がなければ、事故の検証などできるわけがない。同じ過ちを繰り返さないためにも必要不可欠なものである。このようなことでは事故の教訓を国際社会と共有することなど不可能だ。国民ばかりではなく、国際社会への裏切りといっていい。

議事録不在の問題が浮上した同じ時期（一二年二月）米原子力規制委員会（ＮＲＣ）は、福島第一原発の事故が起きた三月一一日から一〇日間、その対応についての会議や電話などでのやりとりを克明に記録した三千ページにも及ぶ議事録を公開している。自国の事故ではないのにかくも詳細な記録を残しているのだ。

かつて民主党は情報公開と文書公開を執拗に要求していたのではなかったか。いずれにしても、議事録をとらない会議がそもそもあるのだろうか。内容が知られ、失策が露呈されるのを恐れ握りつぶしたのではと勘ぐるむきもある。だが、そう受け止められても仕方がない。危機を管理するのではなく、危機から逃げることばかりで右往左往していたのだろう。この事例一つで危機管理に対する意識のあまりの低さが露呈されているのである。

●東電に責任を丸投げするのは間違いだ

危機管理の体制が十分に整っていないのにもかかわらず、アメリカ政府の協力要請を頑なに拒んだのはなぜなのだろうか。

アメリカ政府は、あらゆる支援を行う用意があることをすぐに日本政府に伝えていた。だが、日本側から詳しい情報を得ることがなかなかできなかったのである。

日本側関係者によると、当初は原子力規制委員会（NRC）の専門家が来日時に「データを」と頼んでも、東電社員数人が対応する程度だったという。反対に民主党の有力議員が「私が菅首相のアドバイザーだ」と訪ねると、米側は「専門家ではない」と相手にしなかった。一二日の時点でNRCはこんな不満を述べている。「悪いシナリオでは、炉心が一〇〇％溶けて原子炉格納容器が破損すれば、風下八〇キロまで放射性物質が届いてしまう」「何度も尋ねたが、近藤原子力委員長は決して炉心がむき出しになっていると認めなかった」。その後、NRCと経済産業省原子力安全・保安院、東電の会合の場が設けられたが、東電は「ここは情報交換の場だ」とデータを開示せず米側が激怒。対応のまずさに気づいた日本政府が動き、三月二二日にやっと正式な日米協議が発足したのである。アメリカのフラストレーションははかり知れないものがあったようだ。

日本とアメリカの意思決定のプロセスはやや違う。アメリカは大統領の強いリーダーシップのもとにトップダウンで下に実行を促す。日本は今回、政治主導といいながら、一私企業である、東京電力に多くの情報と判断を委ねている。東電はおそらくパニックというより身がすくんでしまい、みなオドオドしながら固まっていたのだろう。原子炉への危惧、拡大する事故、水素爆発、放射能の拡散……。それへの対応だけで精一杯。アメリカと情報を共有する余裕はどこにもなかったというのが本音なのではないだろうか。政府の対応も、東電からの報告に基づいている。情報公開が遅れたのも、対応が後手後手に回ったのも東電への責任丸投げが原因だと言われてもしょうがないだろう。

いずれにしても、海部首相時の湾岸戦争、村山政権時の阪神淡路大震災と地下鉄サリン事件、弱い首相のときに最悪の事態がまた訪れたのである。

3　復旧・復興は必ずできる。まず原発事故を収束しなければならない

三月一一日、私はそのとき都内の自宅にいた。

あるテーマで勉強していた書類をひとまず整理しようとしていたところだった。通院している母が、妹を伴って病院に出掛け、いわばその留守番役も兼ねていたのである。そこに、強く、長い、強烈な揺れである。このような大地震を経験するのは、初めてである。正直言って、覚悟を決めた。これがいわゆる七〇年ぶりに襲うといわれていた平成の関東大震災なのか。母と妹は戻ってくることができるだろうか。自分の人生もこれで終わりかも知れない。そんなことが瞬時に頭の中を駆け巡った。

揺れはやっと収まった。ヒザはまだガクガクだった。だが、周囲はどうなっているのだろうか。窓から見渡すと、お台場のほうから煙が上がっている。後から聞くと、建設の工事現場の塗料に何かの火が引火したらしい。しかし、街並みも以前と変わらない。私は安堵した。お台場の火事も、優秀な消防隊が駆けつければじきに鎮火するだろう。ところが、テレビのスイッチを入れて驚いた。関東ではなく、東北だったのである。「これよりもひどい揺れに襲われたのか」。私は全身に強烈な震えが走った。

母とはなかなか連絡が取れなかったが、彼女は幸いなことにタクシーがつかまり、無事に帰ってくることができた。妹は二十数階建てのマンションのエレベーターが止まり、夕方まで一階のロビーで足止めをくらっていたらしい。だが、被災地に比べれば足元にもおよばないものである。

阪神淡路大震災のときには、私は、衆議院の災害対策特別委員会の自民党理事を任された。残念ながら現在は、対策本部にいるようなポジションにはいない。いずれにしても、最初は現状の把握である。被害状況はどうなのか、これを早く知る必要がある。

何日かが経過した。だが、政府の緊張と、かつ毅然とした動きが感じられない。すべてに対して〝うつろ〟なのである。一五年前の阪神淡路大震災のときには、すぐに石原信雄氏、下河辺淳氏など官僚のキャリアOB、熟達の人たちが集められた。まず優先順位を問う。リストアップし、プライオリティをつけた。現在の官邸もそれをやっているものだと思っていた。しかし、例の政治主導で誰もそのようなことをしていないのである。これではどうにもならないだろう。

日本のいちばんの大きな問題は、平時はいいがいざというときに際しての危機管理のシステム、そのノウハウが身についていないことだ。とくに、新政権は情報の開示をなかなかしない。何が喫緊の課題なのか、プライオリティがつけられないのである。

パフォーマンスだけを狙っている連中が出てくると、何が緊急の課題で、何が優先順位として必要か、決められないのだ。

●これからのエネルギー政策を真剣に考えなければならない

緊急時には主権の制限も必要である。たとえば石油が足りないのであれば、権力で全部一か所にガソリンを集めて、被災地に送る。このようなことを、すぐにやらなければならない。だが、なりゆき任せになってしまった。いちばん大事なのは流通網だ。最初に、道路のがれきを除く、ガソリンを供給する、食糧などを供給する。これらを緊急にやらなければならない。こういうものが何一つできない。私は、今回ほど野党の悲哀を感じたことはない。原発問題もそうである。もし自民党政権下にあったらスピーディに党本部に部会を立ちあげただろう。民主党は何もない。二〇もの委員会を設け、お好みの同窓の学者だけを集めても混乱だけ招き、何もならないのである。

これと平行して、少子高齢化を睨んで、どのような都市計画をするのか。産業構造をどうするのか。エネルギー構造をどうするのかを考えなければならない。原子力発電は日本の三〇％の電力をカバーしている。これを全廃したとたんに三〇年前の日本に戻るのだ。風力にしても太陽光にしても、個人や一般は何とかしのげるかも知れない。自動車産業に代表されるような産業では、莫大で良質な電気を安定的に必要としている。もし、そんなのはいいんだということなら、日本の企業は海外にどんどん流出し、産業の空洞化が極度に進むだろう。本当にそれでいいのだろうか。

代替エネルギーは、そう簡単に生まれるものではない。浜岡原発を停止したが、その周辺の観光や商店街は息の根が止められそうになっている。

浜岡原発停止要請の根拠は「三〇年以内にマグニチュード8程度の想定の東海地震が発生する可能性は八七％と極めて切迫している」ことだと首相は述べた。だが、これは文部科学省地震調査研究推進本部の想定である。首相が本部長を務める福島原発事故対策統合本部の推定では、三〇年以内に震度6強以上の地震が起きる各原発の確率は、確かに浜岡原発の危険度が八四％と高い。だが、福島第一原発の確率は〇・〇％、福島第二原発は〇・六％となっていたのだ。今回は、確率は〇・〇％で地震が発生したのである。

この国は本当に腰をすえて、全体のバランスを考えて、政策を推し進める人がいなくなってしまった。落ち着いてもっと冷静になって、本当にエネルギー政策をどうするのか。また、原発事故の収束をどうするのか。国政は学生運動の延長ではないのである。彼らに国家や国家観が感じられないのは私だけだろうか。

政治は誰がやっても変わらないというのはまったくのウソである。終戦直後に社会党や共産党に政治を任せていたら、おそらく現在の日本はないだろう。奇しくも民主党政権のときに重大な災害が発生してしまったのである。だが、嘆いてばかりはいられない。

●四〇年ごとに起こる日本の大きなターニングポイント

第三の敗戦と言われるが私はちょっと違った見方をしている。維新以来、日本は四〇年ごとに大きなターニングポイントを迎えているのだ。（拙著『宰相の羅針盤』二八―九頁参照）一八六八年明治維新。一九〇五年が日露戦争の勝利、一九四五年が太平洋戦争の敗戦。一九八五年がプラザ合意。

このターニングポイントはいいときもあるが、ダメージが大きいときもある。だがある共通点がある。それは、それまでの成功体験の上にあぐらをかいていては世界から遅れてしまうこと。維新から日露戦争までの成功体験が染み付いて大東亜の戦争になだれこむ。結局負けてしまう。四五年の敗戦である。そして、その四〇年後に、今度は経済でやってきた。プラザ合意でアングロサクソンによる金融敗戦である。日本が一人勝ちして金儲けしているから、円高にしてもっと協調を図れというのである。流動性マネーがどんどん引き出された。浮かれた日本人は、エンパイアステートビルや名門ゴルフ場などをそれが象徴としているアメリカ人の気持ちすら忘れ、言われるままに、最高値で買わされて、そして最低値で手放す。結局巻き上げられてしまったのである。

巻き上げられたあとには、不良債権が増え、その処理でごたつく。それでも何とか少し光明が見えてきたと思ったら、今度はサブプライム・ローンによる金融危機である。それを何とか乗り越えようとしている矢先の大震災なのである。

震災、戦争の危機管理のノウハウ、システムが日本にはなかなか根付かない。新幹線神話と同じように原子力安全神話がはびこったのである。絶対の安全などあり得ない。「安全神話」が醸成された背景に「ラスムッセン報告書」（一九七五年）がある。アメリカ政府が一〇億円を投じて調査を依頼したといわれている。報告書によれば、原発で事故が起こる確率は、「五〇億分の一」。つまり、「起こらない」としたのである。データの基礎になったのは、さまざまな事故や災害との対比。それによると、自動車事故は、四〇〇〇分の一の確率、飛行機事故一〇万分の一、落雷二〇〇万分の一、ハリケーンは二五〇万分の一などである。原発で事故が起こる確率は、ハリケーンが二〇〇回連続で襲う確率よりも低いとされたのである。

ところがこの報告書が発表された数年後にスリーマイル島の原発事故（一九七九年）が起き

たのである。

アメリカ、ヨーロッパは、人間には必ず失敗があることを前提にスタートする。失敗があったときにどうするか。これをつねに考えている。心構えの差が大きいのだ。普段の危機管理に対する、有事に対するスタンスの差が出てしまう。

想定外というのは、例えば隕石が落ちてくるようなことを言うのだ。一〇〇〇年に一回くる地震や津波が想定外かといえばそれではすまないのである。

●第二のポルトガルにならないために……

一八世紀半ば、ポルトガルの首都リスボンを襲った大地震と津波があった。人口の約三分の一が犠牲になったといわれている。世界のシステムは一六世紀の西ヨーロッパを中心に生まれた。先頭を切ったのがポルトガルとスペインである。だが、オランダやイギリスに取って代わられる。ポルトガルは日本の四分の一の面積で、日本と同じ加工貿易国家であった。地震により主要港リスボンとその周辺の工業が壊滅したのである。この地震を契機に国力は徐々に衰退し、ポルトガルはオランダやイギリスに抜かれるのだ。

日本はこうであってはならない。福島原発を早く収束させ、従来から続いている財政、外交、国防、教育を立て直して、新たな活力を発揮できる下地を築き、次世代にバトンタッチできるような、受け皿づくりをしなければならない。そうでなければ、ポルトガルと同じ運命が待ち受けているかも知れないのである。それでは、次世代が死んでしまう。日本が滅んでしまう。そうあっては絶対にならないのである。

4　事故後二年を迎えようとしている現時点での総括

●ここで、本書に関する私なりの総括を行いたい

一番の大きな問題は、本質的な原因の究明がなされていないということである。原因が究明されずに、原発の安全基準などできるのだろうか。事故もいまだ収束してはいない。対応策も常に手探りだ。このような状況で、安全基準などできるわけがない。安全基準が明確ではないのに、なぜ大飯原発は再稼動したのか。明らかに論理矛盾である。原発ゼロの議論はもちろん大切である。だが、その議論よりも先にこの論理矛盾をマスコミはどうして指摘しないのか。不思議でならない。

経団連などは原子力発電がゼロでは困ると言っている。もし、原発ゼロで本当に困るのなら、

原発の安全性が一〇〇％保障されねばならない。これがなければエネルギー行政に責任が持てないのである。

民間、東電、国会、政府の四つの事故調査委員会が報告書を提出した。それぞれの私の評価は、本書の前半に表で示したが、私に言わせれば、どれもおざなりである。分厚い報告書で体裁だけは取り繕っている。しかし、じっくり読み込むと、どれもフォロー・アップが不十分なのだ。

何が分かっていて、何が分からないのか。もっとメリハリを付けてはっきりさせるべきである。もちろん決着がついていない事柄はたくさんある。だが、これも分からない、あれも分からないというリストを突き付けて、何の意味があるのか。読むほうは途方に暮れるばかりだ。分からないなりにも、これらの中の何が重要で、本当に知っておくべき問題は何なのか。それを絞り込み、項目として採りあげ、クローズアップして指摘すべきである。「分からない」と放置しておくのではなく、分からないことによってどのような問題が発生するのか。また、それが究明されることで、どのような進展・展開が可能なのか。これが示されていない。だから責任の所在もあやふやなまま。私が〝おざなり〟と評価するのは、この意味においてである。

●私は「五つの大罪」が存在すると考えている

〈大罪1〉

菅総理（当時　以下同）が三月一二日早朝、テレビカメラを引き連れ福島原発に行った。そのために、ベントが遅れた。そして、水素爆発・水蒸気爆発が発生し、放射性物質が広範囲に陸地部に飛散した。これは菅総理の犯罪である。

〈大罪2〉

二か月間メルトダウンを公表せず、できる可能性もない水棺化（冠水化）を言い続け、国民を欺いた。これは枝野官房長官の犯罪である。

〈大罪3〉

三月一二日～一五日、三月二〇日～二三日に大量の放射性物質が飛散したが、「ただちに健康に影響はない」とのコメントを繰り返し、正確な情報を国民に知らせなかった。また、幼児や妊婦の安全を最優先しなければならないのにもかかわらず、幼児にはヨードを飲ませなかった。福島県の子ども一一五〇人を対象にした甲状腺の内部被曝検査で四五％の被曝が確認（三月に調査→八月公表）。また、農家には稲わらの汚染の危険性を伝えなかった。そのために、食肉牛の汚染が広範囲に拡散してしまった。これは厚生労働大臣・経済産業大臣・農林水産大臣の犯罪である。

〈大罪４〉

効果の低い循環式冷却システムを採用するが、なかなか収束しない。仮に循環式冷却システムが完全に機能したとしても、一向に最終的な終着点が見えてこない。これは東京電力・経済産業大臣の犯罪である。

〈大罪５〉

「低レベル」と称し（この場合の「低レベル」は基準値の五〇〇倍を意味している）、一万一〇〇〇トンの汚染水を放流し、高濃度汚染水数十万トンを地下水・海洋へ垂れ流した。このため太平洋の漁場は危険に晒されている。

トレンチから流れ出た汚染水は、四七〇〇兆ベクレル（基準値の二万倍）。海へ放出された放射能の総量は、三月二一日～四月三〇日で一・五京（けい）ベクレル（京は兆の一万倍）を超える（日本原子力研究開発機構試算）。東電はこれまで、海に流出した汚染水の放射能量は約四七二〇兆ベクレルとしていたが、大気からの降下分を加えた結果、三倍を超える値になった。地下水や海洋への流出に、全世界から海洋法違反、また風評被害による損害賠償請求がなされる可能性もある。これは経済産業大臣の犯罪である。

●今回のもっとも大きな問題の一つが情報の隠蔽である

メルトダウンの大幅な発表の遅れ、合理的で納得できる理由が示されない水棺化（冠水化）の継続、循環式冷却システムへの固執、「ただちに影響はない」に代表される過小評価でその場を凌ぐ不適切かつ危険極まりない無責任なアナウンス、SPEEDI（スピーディ＝緊急時迅速放射能影響予測ネットワークシステム）などの情報の握りつぶし、数値のごまかしと度重なる変更などなど、数え上げたらきりがない。まさに大本営発表そのもの。国民に本当のことが知らされない。このようなことでは、シビアな環境の中で日本のため、故郷のため、国民のために懸命に作業している現場の人たちのモチベーションも低下する一方だろう。思わぬ二次災害の引き金にもなる。

地震と津波による原子力発電所の過酷事故とはいえ、これは絶対に繰り返してはならない。ナチスのユダヤ人の強制連行・虐殺とは比べるわけにはいかないが、「何分以内にここから出て（避難して）ください」と強要され、住んでいた人が、強制的に住居を追い出される。地域も生活も職業も友人知人も奪われる。人が人として扱われず、人権の根本が脅かされるのだ。これらは実質、強制連行と何ら変わらないのではないだろうか。原発事故は自然災害とはわけが違う。人災なのである。そして、国家犯罪なのだ。絶対に受け入れがたいものなのである。

そもそも国民の生命と財産、安全を守ることのできない国とは何なのだろう。少なくとも民主主義国家ではない。情報は知らされることなく隠されたまま。国民を「見ざる、聞かざる、言わざる」の状態に貶めるのである。正確な情報がなければ、個人が個人の責任で、身を守ることすらできないのである。

事故から二年が経過しようとしている。欧米は人間は絶対に失敗するという前提で、危機管理、安全管理を徹底させる。何重にもバックアップシステムを張り巡らし、そこに独立性、多重性、多様性を加える。A系が損傷したならB系。B系がダメになればC系、D系……。また、非常用の設備はもちろん、用具類にしても、一つの部屋に集中させることはしない。大きなダメージを受けるとすべてが使い物にならなくなるからだ。独立性、多重性、多様性が考慮されている。少なくとも津波で一つの部屋がアウトになると、電気系すべてが失われるなどということは問題外なのである。

話は変わるが、非常用の電源が地下にあるというのは、アメリカの発想である。アメリカでもっとも恐れられるのはトルネード（竜巻）だ。比較的安全なのは地下である。だから地下に非常用電源を収めているのだ。日本は単純にその仕様を受け入れただけで、何の疑問も持たなかった。わが国は、台風や集中豪雨などによる水害が多発する国である。地下では水浸しになってしまう。非常用電源は丘の上などの高い場所に設置しなければならなかった。なぜ、このことが分からなかったのだろうか。

不幸中の幸いと言うべきなのかどうか、私には判断がつかない。地震・津波がトリガーになった今回の事故。これは金曜日の午後三時を境にして発生した。もし、関係者が退社した後だったら。関係機関が休日モードに入った金曜の夜か土・日に起きていたら……。仮定でものを言うのは禁物だが、ただでさえ初動の遅れが指摘されているのに、混乱はもっと大規模なものになっていたのではないだろうか。身の毛がよだつのは私ばかりではないだろう。

私たちには東洋的な諦観論がある。「水に流す」という言葉があるように、過去のことをとやかく言うことをやめ、前向きに進めるという意味で、日本人の美徳の一つになっている。だが、原発事故とはレベルがまるで異なる。絶対に「水に流す」わけにはいかない。また、「一度あることは二度ある。二度あることは三度ある」とも言う。一度あったことは二度目の可能性があるから、二度目を起こさないようにする心構えを説いているようにも思えるが、どうもそうではない。一度あったら二度あると諦めながら、三度目の心配もしている。そのとき、一度目のことをすっかりと忘れているのである。これも「水に流す」と同様に、事故に対しては絶対にあってはならない態度である。

原子力の事故のインパクトで、語られない弊害がある。事故後、中国、韓国、ロシアなどとの領土問題が急激に浮上してきた。まさに内憂外患。このような中で、情報の隠蔽、小出し、訂正。そして、保身、責任逃れ、逃げ……。それにまた悪い情報が重なる。国民に重要なことが知らされない。事実を正確に伝えない。不信と不和が生まれ、言い争いが続く。国民の精神が不安定になる要素があまりにも多いのだ。無気力とそれにつながる怠惰は日本をダメにするばかりではなく、ある時点で思いもよらぬ暴発の危険性をも秘めている。ファナティック（熱狂、狂信、自暴自棄）への傾斜である。放射能とは別の、目に見えない弊害＝副作用がこれなのである。

私はみなさんに、今回の事故に関しその原因究明も、対応も、安全基準の作成もすべてがおざなりで、中途半端のままであることをここではっきりとお伝えたい。大事なことを隠蔽したまま、エネルギー政策や食糧問題、原子力政策を論じることなどできるわけがない。政治家の良心としてこのことだけは申し上げておく。本書の狙いはまさにこれに尽きるのである。

■あとがき

日本文学者のドナルド・キーン氏が日本国籍を取得した。日本名が、「鬼怒鳴門」だという。涙が出た。こんなうれしい話はない。震災後に永住を決められたようだ。日本語名には氏の学識豊かで温厚な人柄からは程遠いイメージを持つ文字がいくつか含まれている。腹の中は煮えくり返っているのだろうか。日本をもっともっと叱っていただきたいものだ。

日本に在住していた多くの外国人が避難された。当然である。四季折々の美しい風景に恵まれ、豊かな水、治安のよさ、そして日本人の微笑みに対する安心感が、こなごなになり打ち砕かれ、放射能の恐怖に襲われたのである。そんななかでのドナルド・キーン氏の日本国籍取得であった。

背筋がゾッとする話をしよう。アメリカが当初から危惧していたことでもある。4号機の使用済み燃料プールの加熱と崩壊である。格納容器などで密閉などされていないむき出しのプールにある燃料棒である。もし燃料の崩壊が起きれば強烈な放射能が撒き散らかされ、首都圏を含む三〇〇キロ圏内の住民が避難する可能性もあったといわれている。三〇〇キロ圏内といえば、横浜はもちろん、神奈川県のほどんど、山梨県甲府、長野、北は秋田県、岩手県のほぼ全域が含まれる。日本は崩壊したかも知れない。

この危機を救ったのは、皮肉にも偶然である。震災直前まで行われていた工事の遅れと不手際がそれだ。4号機は定期点検に入っていた。その際に、シュラウドと呼ばれる炉内の大型構造物の取替え工事を行っていた。そのために、原子炉の真上に原子炉ウェルと呼ばれる水を満たした大型のプールと、放射能に汚染された器機を水中に仮置きするDSピットというプールのようなものを並べて設置していた。結果として、原子炉ウェルとDSピットに合計一四四〇立方メートルの水が張られていたのである。これらは工事が順調なら、震災の四日前には水が抜き取られる予定だった。そして、震災である。

運が良いとしか思えないのだが、4号機の燃料プールと隣の原子炉ウェルの仕切りの壁がずれ、隙間ができた。そして、ウェル側から約一〇〇〇トンの水が流れ込んだ。偶然にもその水が燃料棒を冷やしていたのである。三月二〇日からは外部からの放水で水が入り、燃料はほぼ無事。東電によるとこの水の流れ込みがなく、放水もなかった場合、三月下旬には燃料の外気露出が始まると計算していたようだ。

背筋が凍る話である。国会議事堂も、霞が関にも誰一人として人間がいない。日本の機能の麻痺である。銀座も新宿も池袋や渋谷にも人っ子一人いないシーンが想像できるだろうか。それが福島第一から三〇〇キロにも及ぶとしたら……。

何度でも言おう。福島第一原発事故の収束なくして、東日本大震災は終わらない。一〇年、二〇年、あるものは一〇〇年オーダーで解決しなければならない。いつまでも情報を隠蔽し、その場を取り繕い、責任逃れをしている場合ではない。秘密主義、科学的知見のなさ、現場の軽視と無理解、間違った政治主導は、事態を一層こじらせる。

戦後最大の試練である。だが、これは絶対に乗り越えられると私は信じている。私は日本と日本人を信じている。日本が中心となり世界の叡智を結集し、一致団結して事故収束に向かわなければならない。そうでなければ多くの御霊《みたま》もふるさとを奪われている方も救われない。日本と世界の試練である。真正面から取り組んでいこうではありませんか。本書がその一助になれば幸いである。

震災から二年になろうとしているときに

村上誠一郎

【原発事故参考文献】（五十音順）

『意見陳述～2011年5月23日参議院行政監視委員会会議録』（小出裕章　後藤政志　石橋克彦　孫正義　亜紀書房　2011）
『官邸から見た原発事故の真実』（田坂広志　光文社新書　2012）
『官報複合体』（牧野洋　講談社　2012）
『恐慌の歴史～〝100年に一度の危機〟が3年ごとに起きる理由』（浜矩子　宝島社新書　2011）
『決断できない日本』（ケビン・メア　文春新書　2011）
『検証「大震災」伝えなければならないこと』（毎日新聞「災害検証」取材班　毎日新聞社　2012）
『検証　福島原発事故・記者会見』（日隅一雄　木野龍逸　岩波書店　2012）
『原発推進者の無念』（北村俊郎　平凡新書　2011）
『原発のウソ』（小出裕章　扶桑社新書　2011）
『国会事故調　報告書』（東京電力福島原子力発電所事故調査委員会　徳間書店　2012）

『国民の覚悟』（中西輝政　致知出版社　２０１１）
『先送りできない日本』（池上彰　角川新書　２０１１）
『３・11クライシス！』（佐藤優　マガジンハウス　２０１１）
『３・11本当は何が起こったか：巨大津波と福島原発』（丸山茂徳監修　東信堂　２０１２）
『自由報道協会が追った３・１１』（自由報道協会編　扶桑社　２０１１）
『「想定外」の罠～大震災と原発』（柳田邦男　文藝春秋　２０１１）
『政府事故調　中間・最終報告書』（東京電力福島原子力発電所における事故調査・検証委員会　メディアランド（株）　２０１２）
『第三の敗戦　緊急警告！』（堺屋太一　講談社　２０１１）
『騙されたあなたにも責任がある　脱原発の真実』（小出裕章　幻冬舎　２０１２）
『東電福島原発事故　総理大臣として考えたこと』（菅直人　幻冬舎新書　２０１２）
『内部被曝の真実』（児玉龍彦　幻冬舎新書　２０１１）
『日本中枢の崩壊』（古賀茂明　講談社　２０１１）
『福島原発事故独立検証委員会調査・検証報告書』（福島原発事故独立検証委員会　ディスカバー・トゥエンティワン　２０１２）
『福島原発でいま起きている本当のこと』（淺川凌　宝島社　２０１１）

『福島第一原発　真相と展望』（アーニー・ガンダーセン　岡崎玲子訳　集英社新書）
『福島メルトダウン』（広瀬隆　朝日新書　２０１１）
『プロメテウスの罠』（朝日新聞特別報道部　学研パブリッシング　２０１２）
『報道災害【原発編】』（上杉隆　烏賀陽弘道　幻冬舎新書　２０１１）
『メルトダウン　ドキュメント福島第一原発事故』（大鹿靖明　講談社　２０１２）
他

朝日新聞、読売新聞、毎日新聞、日本経済新聞、産経新聞、東京新聞、週刊朝日、週刊新潮、週刊文春、サンデー毎日、週刊現代、月刊「文藝春秋」他

著者紹介

村上誠一郎（むらかみ　せいいちろう）

昭和27年5月11日生れ
東京大学法学部卒業
愛媛二区選出（9回連続当選）　自由民主党衆議院議員

大蔵政務次官、衆議院大蔵常任委員長、初代財務副大臣等を歴任。
第二次小泉改造内閣で国務大臣（行政改革・構造改革特区・地域再生担当）・内閣府特命担当大臣（規制改革・産業再生機構担当）として初入閣

主な現職は、衆議院政治倫理審査会会長、自由民主党総務、地域再生戦略調査会会長、税制調査会副会長、ITS推進・道路調査会副会長、行政改革推進本部顧問、資源・エネルギー戦略調査会顧問、資源・エネルギー戦略調査会福島原発事故究明に関する小委員会委員長、PFI調査会顧問、海運・造船対策特別委員会委員長、四国ブロック両院議員会会長等
著作：『宰相の羅針盤―総理がなすべき政策〔改訂〕日本よ、浮上せよ！』（東信堂、2013）

福島原発の真実 このままでは永遠に収束しない。

まだ遅くない――原子炉を「冷温密封」する！

2013年3月11日　初版　第1刷発行　〔検印省略〕
2013年5月20日　初版　第2刷発行

＊定価はカバーに表示してあります

著者©村上誠一郎＋原発対策国民会議　発行者　下田勝司　印刷・製本　中央精版印刷

東京都文京区向丘1-20-6　郵便振替00110-6-37828　発行所
〒113-0023　TEL 03-3818-5521(代)　FAX 03-3818-5514　株式会社 東信堂
E-Mail tk203444@fsinet.or.jp
Published by TOSHINDO PUBLISHING CO., LTD.
1-20-6, Mukougaoka, Bunkyo-ku, Tokyo, 113-0023, Japan

ISBN978-4-7989-0115-2 C0031

宰相の羅針盤　総理がなすべき政策	村上誠一郎	一六〇〇円
―〔改訂版〕日本よ、浮上せよ！	＋21世紀戦略研究室	
福島原発の真実　このままでは永遠に収束しない	村上誠一郎	二〇〇〇円
―まだ遅くない――原子炉を「冷温密封」する！	＋原発対策国民会議	
3・11本当は何が起こったか：巨大津波と福島原発	丸山茂徳監修	一七一四円
―科学の最前線を教材にした暁星国際学園「ヨハネ研究の森コース」の教育実践		
2008年アメリカ大統領選挙	吉野　孝 前嶋和弘 編著	二〇〇〇円
―オバマの勝利は何を意味するのか		
オバマ政権はアメリカをどのように変えたのか	吉野　孝 前嶋和弘 編著	二六〇〇円
―支持連合・政策成果・中間選挙		
オバマ政権と過渡期のアメリカ社会	吉野　孝 前嶋和弘 編著	二四〇〇円
―選挙、政党、制度メディア、対外援助		
政治学入門	内田　満	一八〇〇円
政治の品位――日本政治の新しい夜明けはいつ来るか	内田　満	二〇〇〇円
日本ガバナンス――「改革」と「先送り」の政治と経済	曽根泰教	二八〇〇円
「帝国」の国際政治学――冷戦後の国際システムとアメリカ	山本吉宣	四七〇〇円
国際開発協力の政治過程――国際規範の制度化とアメリカ対外援助政策の変容	小川裕子	四〇〇〇円
アメリカ介入政策と米州秩序	草野大希	五四〇〇円
―複雑システムとしての国際政治		
ドラッカーの警鐘を超えて	坂本和一 大内寛一	二五〇〇円
最高責任論――最高責任者の仕事の仕方	樋尾起年	一八〇〇円
介護予防支援と福祉コミュニティ	松村直道	二五〇〇円
震災・避難所生活と地域防災力	松村直道編著	一〇〇〇円
―北茨城市大津町の記録		
〔シリーズ防災を考える・全6巻〕		
防災の社会学〔第二版〕	吉原直樹編	三八〇〇円
―防災コミュニティの社会設計へ向けて		
防災の心理学――ほんとうの安心とは何か	仁平義明編	三二〇〇円
防災の法と仕組み	生田長人編	三二〇〇円
防災教育の展開	今村文彦編	三二〇〇円
防災と都市・地域計画	増田　聡編	続　刊
防災の歴史と文化	平川　新編	続　刊

〒113-0023　東京都文京区向丘 1-20-6　TEL 03-3818-5521　FAX03-3818-5514　振替 00110-6-37828
Email tk203444@fsinet.or.jp　URL:http://www.toshindo-pub.com/

※定価：表示価格（本体）＋税

東信堂

〈居住福祉ブックレット〉

居住福祉資源発見の旅：新しい福祉空間、懐かしい癒しの場	早川和男	七〇〇円
どこへ行く住宅政策：進む市場化、なくなる居住のセーフティネット	本間義人	七〇〇円
漢字の語源にみる居住福祉の思想	李　桓	七〇〇円
日本の居住政策と障害をもつ人	大本圭野	七〇〇円
障害者・高齢者と麦の郷のこころ：住民、そして地域とともに	伊藤静美・田中秀樹・加藤直人	七〇〇円
地場工務店とともに：健康住宅普及への途	山本里見	七〇〇円
子どもの道くさ	水月昭道	七〇〇円
居住福祉法学の構想	吉田邦彦	七〇〇円
奈良町の暮らしと福祉：市民主体のまちづくり	黒田睦子	七〇〇円
精神科医がめざす近隣力再建：進む「子育て」砂漠化、はびこる「付き合い拒否」症候群	中澤正夫	七〇〇円
住むことは生きること：鳥取県西部地震と住宅再建支援	片山善博	七〇〇円
最下流ホームレス村から日本を見れば	ありむら潜	七〇〇円
世界の借家人運動：あなたは住まいのセーフティネットを信じられますか？	髙島一夫	七〇〇円
「居住福祉学」の理論的構築	柳中権・張秀萍	七〇〇円
居住福祉資源発見の旅Ⅱ：地域の福祉力・教育力・防災力	早川和男	七〇〇円
居住福祉の世界：早川和男対談集	早川和男	七〇〇円
医療・福祉の沢内と地域演劇の湯田：岩手県西和賀町のまちづくり	高橋典成・金持伸子	七〇〇円
「居住福祉資源」の経済学	神野武美	七〇〇円
長生きマンション・長生き団地	千代崎一夫・山下千佳	八〇〇円
高齢社会の住まいづくり・まちづくり	蔵田　力	七〇〇円
シックハウス病への挑戦：その予防・治療・撲滅のために	後藤三郎・迎田允武	七〇〇円
韓国・居住貧困とのたたかい：居住福祉の実践を歩く	全　泓奎	七〇〇円
精神障碍者の居住福祉：宇和島における実践（二〇〇六～二〇一一）	財団法人 正光会 編	七〇〇円

〒113-0023　東京都文京区向丘 1-20-6　TEL 03-3818-5521　FAX03-3818-5514　振替 00110-6-37828
Email tk203444@fsinet.or.jp　URL:http://www.toshindo-pub.com/

※定価：表示価格（本体）＋税